José Chiumbo Paiva
Eric Crespo Hurtado
Tomás Crespo Borges

Complementos de Matemática para Entrenamiento Olímpico

José Chiumbo Paiva
Eric Crespo Hurtado
Tomás Crespo Borges

Complementos de Matemática para Entrenamiento Olímpico

En la resolución de ecuaciones, inecuaciones y sistemas de ecuaciones. Volumen 1

Editorial Académica Española

Imprint
Any brand names and product names mentioned in this book are subject to trademark, brand or patent protection and are trademarks or registered trademarks of their respective holders. The use of brand names, product names, common names, trade names, product descriptions etc. even without a particular marking in this work is in no way to be construed to mean that such names may be regarded as unrestricted in respect of trademark and brand protection legislation and could thus be used by anyone.

Cover image: www.ingimage.com

Publisher:
Editorial Académica Española
is a trademark of
Dodo Books Indian Ocean Ltd. and OmniScriptum S.R.L publishing group

120 High Road, East Finchley, London, N2 9ED, United Kingdom
Str. Armeneasca 28/1, office 1, Chisinau MD-2012, Republic of Moldova, Europe
Printed at: see last page
ISBN: 978-620-2-16362-0

Autores

José Chiumbo Paiva es angolano. En el año 2013 se graduó en Ciencias de la Educación en la especialidad de Matemática, en el Instituto Superior de Ciencias de Educación de Huambo (ISCED-Huambo). En 2017 obtuvo el título de Máster en Matemática Aplicada en la Universidad Central "Marta Abreu" de Las Villas (UCLV), en Cuba. En el año 2023 obtuvo el título de Doctor en Ciencias de la Educación, en la UCLV.

Es docente de la Escuela de Magisterio "Ferraz Bomboco" de Huambo, donde habitualmente imparte las disciplinas de Matemática, Metodología de la Enseñanza de las Matemáticas y Práctica Docente.

Su experiencia docente incluye un paso por el Instituto Superior de Ciencias de la Educación de Huambo (ISCED-Huambo), donde ha impartido las asignaturas de Análisis Funcional, Geometría Diferencial, Práctica de Resolución de Problemas de Matemática Elemental, Matemática I y II.

Ha investigado sobre Didáctica de la Matemática y Olimpíadas de Matemática.

Eric Crespo Hurtado es cubano. En 1996 se graduó en Educación en la especialidad de Matemática y Computación, en la Universidad de Ciencias Pedagógicas (UCP) "Félix Varela". En el año 2007 obtuvo el título de Doctor en Ciencias Pedagógicas, en la UCP. Es Profesor Titular desde 2014. Ha sido profesor de la UCP y UCLV, impartiendo las siguientes asignaturas: Fundamentos de Programación, Sistemas de Aplicación, Didáctica de la Matemática y de la Informática, Análisis Matemático, Álgebra, Probabilidad y Estadística, Metodología de la Investigación.

Tomás Pascual Crespo Borges es cubano. En 1976 se graduó en la Carera Profesoral Superior de Matemáticas en la UCLV. En el año 1985 obtuvo el título de Doctor en Ciencias Matemáticas en la Universidad Pedagógica "Karl Friedrich Wilhelm Wander", en la antigua República Democrática de Alemania.

Es docente jubilado de la UCP, donde impartió clases desde 1977, habiendo alcanzado la categoría de Profesor Titular en 2004.

Además de Cuba, ha sido docente en Colombia, México, Perú, Venezuela y Nicaragua, donde impartió clases de Análisis Matemático, Estadística, Matemática Numérica, Metodología de Investigación, Diseño de Experimentos, Computación y Didáctica de la Matemática.

Ha investigado sobre Didáctica de la Matemática, Computación, Enseñanza de las Matemáticas Asistida por Computador, Educación a Distancia, Prospectiva y Empleo de Métodos Cualitativos en la Investigación Pedagógica.

Resumen

La preparación de los estudiantes de alto rendimiento en Matemática requiere de diferentes recursos y materiales para facilitar su aprendizaje y desarrollo, en los cuales se incluyen ejercicios desafiantes y relevantes.

Este volumen está dedicado a las ecuaciones, inecuaciones y sistemas de ecuaciones, con ejercicios no tan habituales en los contenidos del currículo ordinario, y se presentan procedimientos ingeniosos para resolverlos. También se hacen consideraciones sobre la resolución de problemas según un estudio de la heurística de Polya. Además se abordan las ecuaciones funcionales que a no ser un tema del currículo ordinario de la Enseñanza Secundaria, lo es frecuente en las Olimpiadas de Matemática sobre todo internacionales.

El libro está dirigido especialmente a docentes que participan en la preparación de estudiantes de alto rendimiento en Matemática. Es también de particular importancia para el autoestudio de los concursantes de las Olimpíadas de Matemáticas, para los candidatos a los exámenes para ingresar a las universidades, para estudiantes de cursos de Matemática Superior, y para cualquier autodidacta interesado en aprender o profundizar en estos temas matemáticos.

Contenido

2

Prefacio

En el proceso de enseñanza-aprendizaje, una de las formas más utilizada y aceptada para estimular el desarrollo de altas habilidades en los estudiantes es el enriquecimiento curricular. Este modelo consiste en que el estudiante se mantenga en su grupo regular y se le ofrecen actividades variadas, además del programa regular.

En el caso de la preparación de los estudiantes con altas habilidades, se utilizan diferentes recursos y materiales para facilitar su aprendizaje y desarrollo en matemáticas. Esto puede incluir el acceso a libros y materiales avanzados, el uso de tecnología para el aprendizaje, y la presentación de problemas matemáticos desafiantes y relevantes. En este sentido influye la situación en la que el desarrollo de altas habilidades en matemática sobre la base del estudio individual con libros de alta calidad y abundantes recursos en Internet está aún alejada de la realidad de muchos países subdesarrollados, tal es el caso de Angola.

Lo anterior conllevó a los autores de este libro a identificar temas curriculares y contenidos complementarios al currículo ordinario de la Enseñanza Secundaria, los que conforman actividades que desarrollan el pensamiento crítico y creativo, y que contribuyen al desarrollo de altas habilidades en matemática. Dichos contenidos forman parte de un proyecto de libros bajo el título: **"Complementos de Matemática para Entrenamiento Olímpico"**.

Este primer volumen está dedicado a la resolución de *ecuaciones, inecuaciones y sistemas de ecuaciones*. También se hacen consideraciones sobre *la resolución de problemas según un estudio de la heurística de Polya*, enfatizando y ejemplificando las cuatro etapas que dirigen la acción de quien se enfrenta a un problema, con el fin de ayudarlo a eliminar las discrepancias entre el objeto del problema y su solución. Además se abordan las *ecuaciones funcionales* que a no ser un tema del currículo ordinario, lo es frecuente en las Olimpiadas de Matemática sobre todo internacionales.

El libro está dirigido especialmente a docentes que participan en la preparación de estudiantes de alto rendimiento en la disciplina Matemática de la Enseñanza Secundaria. Además, su contenido es de particular importancia para el autoestudio de los concursantes de las Olimpíadas de Matemáticas, para estudiantes de la Enseñanza Secundaria, para los candidatos a los exámenes para ingresar a las universidades, para estudiantes de cursos de Matemática Superior y para cualquier autodidacta interesado en aprender o profundizar en estos temas matemáticos; pues:

1. El tema de las ecuaciones, inecuaciones y sistemas de ecuaciones está vigente en todos los programas de la Enseñanza Secundaria y aunque es tratado con adecuada profesionalidad, su objetivo final es el de lograr sus soluciones, en particular las que tradicionalmente aparecen en los exámenes para ingresar a las universidades, pero con poca preocupación por el rigor de las demostraciones y sin aprovechar las posibilidades que brindan para explorar y profundizar en otros tema de Matemática.
2. En las Olimpiadas de Matemática, tanto nacionales como internacionales, el tema de ecuaciones, desigualdades y sistemas de ecuaciones ha sido casi obligatorio. Por lo general, estos concursos presentan problemas matemáticos cuya resolución afecta directamente a estos temas o como medio para encontrar soluciones a otros problemas.
3. Los autores identificaron que un marcado interés por obtener el objetivo anteriormente descrito ha llevado al uso, a veces exagerado, de algoritmos y fórmulas preestablecidas sin preocuparse por el rigor de los teoremas que sustentan tales procedimientos de resolución. Además, no siempre se han aprovechado las posibilidades que ofrece el tema para explorar y profundi-

zar otros temas en matemáticas; ni su conexión con la resolución de problemas prácticos de la vida. Por otro lado, no se insiste en la interpretación de los resultados ni en la representación gráfica de la función relacionada con la ecuación estudiada. Estos aspectos se enfatizan en este libro.

No hemos aspirado a escribir un libro sobre teoría de ecuaciones, cientos de miles se han escrito. Hemos tomado como pretexto la ecuación de segundo grado, porque al ser conocida por todos es posible mostrar los elementos esenciales de la teoría de ecuaciones.

Hemos tratado de reducir al mínimo la teoría y cuando se trata se hace de tal modo que con los ejemplos sea comprensible, para ello los algoritmos utilizados son más descriptivos y apoyados en gráficos que muestran al lector el "comportamiento" de las funciones con las que está operando.

Los ejercicios tradicionales están presentes pero distribuidos en todo el libro y mezclados con la teoría, a veces son propuestas o ejercicios incompletos para incitar al lector a que haga un alto en la lectura y los realice, en nuestros años de trabajo muchos alumnos nos han dicho que ver tantos ejercicios y problemas juntos los aterra. Hemos incorporado a la ejercitación preguntas que han sido planteadas en los exámenes de ingreso a la Educación Superior en Cuba y en las Olimpiadas de Matemática de diversos países.

Hemos insertado notas históricas e ilustraciones asociadas a contenidos de particular significación los que se exponen como elemento cultural y en modo alterno dentro del texto científico.

Hemos utilizado un conjunto de iconos para identificar epígrafes de particular interés, estos son:
1. Indica que se trata de definiciones, teoremas o reglas importantes.

2. ⌇Señala temas de particular interés para comprender o para tratar algún aspecto significativo.

3. ◖Puntos fundamentales y de dificultades, se trata de errores típicos o de posibles errores que se cometen por no tomar en consideración determinada regla o teoría.

4. Ⓟ Pausa para una interrogante, un planteamiento o una reflexión. Es ese alto que hacemos en nuestra conversación para enfatizar algo o para plantear una interrogante a nuestro interlocutor para traerlo a nuestro tema o motivarlo por él.

5. ◗Ejemplos resueltos.

6. ✂Tareas propuestas:

7. ☗() Ejercicio o problema tomado de batería para pruebas de ingreso a la Educación Superior en Cuba o de una Olimpiada de Matemática; entre paréntesis se aparece el curso o año escolar cuando se aplicó el examen; en ocasiones esta fecha se repiten en ejercicios del mismo tipo, se trata de que cada año se aplican distintas baterías en exámenes ordinarios, extraordinarios y para casos especiales como pueden ser enfermos, alumnos que estén en competencias deportivas, etc.

8. ☷ Tareas de profundización. Se trata de tareas que si bien están al alcance de todos, por su nivel de generalización y complejidad aparecen con esta señalización.

De las tareas se dan o bien los resultados de las respuestas, la respuesta completa o parcialmente desarrollada o comentarios y sugerencias de cómo darle solución a la tarea. De algunas tareas de profundización se dan pistas para su desarrollo.

Los autores agradecen la lectura y las sugerencias que hagan del libro que presentamos a su consideración.

Dr. Sc. José Chiumbo Paiva   _ zitopaiva2@gmail.com

Dr. Sc. Eric Crespo Hurtado   _ echurtado2020@gmail.com

Dr. Sc. Tomás Pascual Crespo Borges   _ tpcrespo@uclv.cu

La función cuadrática

Desde que en 1637 el matemático francés René Descartes utilizó el término función para designar una potencia x^n de la variable x, esta palabra ha servido para expresar uno de los conceptos más importantes en matemática. Mediante funciones se describe el mundo real en términos matemáticos: las variaciones de la temperatura, la velocidad, el movimiento de los planetas, las ondas cerebrales, el ritmo cardíaco, el crecimiento poblacional, las oscilaciones de las bolsas de valores, el crecimiento de las bacterias, etc.

Después de Descartes el término función fue utilizado en 1694 por el matemático alemán G. W. Leibniz para referirse a varios aspectos de una curva, como su pendiente, pero el concepto de función que más se utiliza en la actualidad fue dado en el año 1829 por el matemático alemán, J.P.G. Lejeune-Dirichlet(1805-1859).

🖎 (1). Una *función f* de un conjunto A en un conjunto B es una *regla* que hace corresponder a cada elemento *x* perteneciente al conjunto A, uno y solo un elemento *y* del conjunto B, llamado *imagen* de *x* por *f*, que se denota $y=f(x)$. En símbolos, se expresa $f: A \rightarrow B$, siendo el conjunto A el *dominio* de *f*, y el conjunto B el *codominio o imagen*.

La notación debida a Leonard Euler en 1734 ($y = f(x)$) señala que *y* es una función de *x*. La variable *x* es la *variable independiente*, y el valor *y* se llama *variable dependiente*, y *f* es el nombre de la función.

🖎 (2). Una función real en una variable x es una función $f: A \rightarrow \mathbb{R}$ donde $A \subseteq \mathbb{R}$ que usualmente se define por una fórmula y = f(x).

8

⍋Una función real, en general, puede ser representada de distintas maneras:

- Mediante un conjunto de pares ordenados, o tabla de valores.
- Mediante una expresión verbal, donde se describe una regla con una descripción en palabras.
- Mediante una expresión algebraica, con una fórmula explícita.
- Mediante una gráfica, representada en un sistema de coordenadas cartesianas.

📎 (3). Una función cuadrática es aquella que tiene la forma, o puede ser llevada a la forma:$y = f(x) = ax^2 + bx + c, con\ a \neq 0, a, b, c \in \mathbb{R}$

⍋**Propiedades de la función cuadrática:**

1. El gráfico de una función cuadrática es una *parábola*.
2. La gráfica de $f(x) = ax^2 + bx + c$ intercepta al eje Y en el punto $(0,c)$
3. La gráfica de $f(x) = ax^2 + bx + c$ intercepta al eje X cuando $\Delta = b^2 - 4ac \geq 0$, yen tal caso, las abscisas de los puntos de intersección son las raíces de la ecuación $ax^2 + bx + c = 0$.

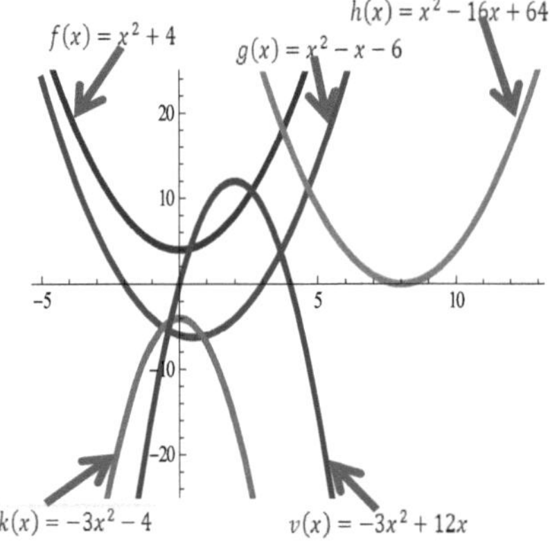

4. Su gráfica es una parábola cuyo vértice es el punto $\left(-\frac{b}{2a}, f\left(-\frac{b}{2a}\right)\right)$.
5. La recta vertical $x = -\frac{b}{2a}$ es una recta eje de simetría de su gráfico.
6. Si $a > 0$ la parábola se abre hacia arriba, y si $a < 0$ se abre hacia abajo.

La función cuadrática está representada en la vida diaria.

La ecuación cuadrática

Una ecuación de segundo grado con una incógnita, es una ecuación de la forma
$ax^2 + bx + c = 0, con\ a \neq 0, a, b, c \in \mathbb{R}$.

Son ejemplos de ecuaciones de segundo grado

$$x^2 + 16 = 0$$
$$x^2 - 7x - 18 = 0$$

pues el mayor exponente al que aparece elevada la incógnita es dos.

La ecuación puede ser completa: $ax^2 + bx + c = 0, con\ a \neq 0, b \neq 0, c \neq 0$
o incompleta con algunas de las variantes:

1. $ax^2 + bx = 0$
2. $ax^2 + c = 0$
3. $ax^2 = 0$

Para cada uno de estos casos existen soluciones particulares:

1. $ax^2 + bx = 0 \implies x(ax + b) = 0 \implies x_1 = 0 \lor x_2 = -\dfrac{b}{a}$
2. $ax^2 + c = 0 \implies ax^2 = -c \implies x_1 = \sqrt{-\dfrac{c}{a}} \lor x_2 = -\sqrt{-\dfrac{c}{a}}$
3. $ax^2 = 0 \implies x_1 = 0 \lor x_2 = 0$

✎ (4). La solución de la ecuación completa también aplicable a los otros casos viene dada por $x_1 = \dfrac{-b+\sqrt{\Delta}}{2a}$; $x_2 = \dfrac{-b-\sqrt{\Delta}}{2a}$ $con\ \Delta = b^2 - 4ac$.

⌁Deducción de las fórmulas anteriores.

Sea $ax^2 + bx + c = 0$, con $a \neq 0$, $\quad a, b, c \in \mathbb{R}$.

Dividiendo por a se tiene:

$$x^2 + \frac{b}{a}x + \frac{c}{a} = 0 \qquad\qquad x^2 + \frac{b}{a}x = -\frac{c}{a}$$

Completando un cuadrado perfecto se tiene:

$$x^2 + \frac{b}{a}x + \left(\frac{b}{2a}\right)^2 = -\frac{c}{a} + \left(\frac{b}{2a}\right)^2 \qquad \left(x + \frac{b}{2a}\right)^2 = \frac{b^2-4ac}{4a^2}$$

Extrayendo raíz se tiene:

$$x + \frac{b}{2a} = \pm\sqrt{\frac{b^2-4ac}{4a^2}} \qquad x = -\frac{b}{2a} \pm \sqrt{\frac{b^2-4ac}{4a^2}} \qquad x = \frac{-b\pm\sqrt{b^2-4ac}}{2a}$$

🔒(1).

a) Hallar el conjunto solución de la ecuación $x^2 - 5x + 6 = 0$

$$\Delta = b^2 - 4ac; \ \Delta = (-5)^2 - 4(1)(6) = 25 - 24 = 1$$

$$x_1 = \frac{-b+\sqrt{\Delta}}{2a} \; ; x_1 = \frac{5+\sqrt{1}}{2} = \frac{6}{2} = 3 \quad x_2 = \frac{-b-\sqrt{\Delta}}{2a}; \ x_2 = \frac{5-\sqrt{1}}{2} = \frac{4}{2} = 2 \; ; S = \{3, 2\}$$

Si $\Delta = 0$ las raíces de la ecuación coinciden $x_1 = x_2$

Si $\Delta > 0$ las raíces de la ecuación son reales y diferentes $x_1, x_2 \in \mathbb{R} \land x_1 \neq x_2$.

Si $\Delta < 0$ las raíces de la ecuación son números complejos y diferentes $x_1, x_2 \in \mathbb{C} \land x_1 \neq x_2$.

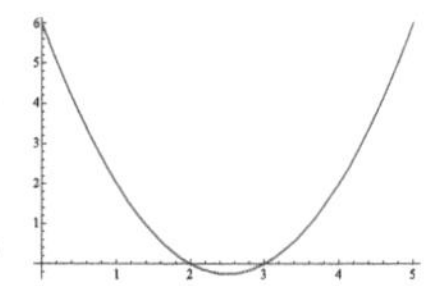

b) Hallar el conjunto solución de la ecuación $x^2 - 2x + 2 = 0$

$$\Delta = b^2 - 4ac; \Delta = (-2)^2 - 4(1)(2) = 4 - 8 = -4$$

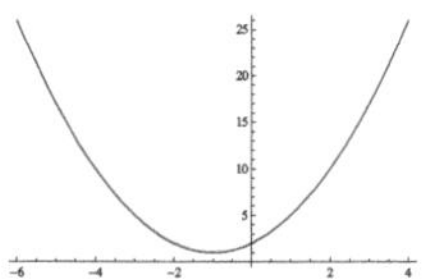

$$x_1 = \frac{-b+\sqrt{\Delta}}{2a} \; ; x_1 = \frac{-(-2)+\sqrt{-4}}{2} = \frac{2+2i}{2} = 1+i$$

$$x_2 = \frac{-b-\sqrt{\Delta}}{2a} \; ; \; x_2 = \frac{-(-2)-\sqrt{-4}}{2} = \frac{2-2i}{2} = 1-i$$

$$S = \{1+i, \quad 1-i\}$$

☞Relación entre los coeficientes de la ecuación cuadrática y sus raíces.

1. En cuanto a la suma:

   Sumemos las dos soluciones planteadas en ☜(4)

$$x_1 + x_2 = \frac{-b+\sqrt{\Delta}}{2a} + \frac{-b-\sqrt{\Delta}}{2a} = \frac{\left(-b+\sqrt{\Delta}\right) + \left(-b-\sqrt{\Delta}\right)}{2a} = \frac{-2b}{2a} = -\frac{b}{a}$$

✖(1). Exprese verbalmente esta relación.

✖(2). En cuanto al producto de las dos raíces: En forma análoga al anterior multiplique las dos raíces, haga las simplificaciones necesarias y obtenga una relación equivalente a la anterior.

✖(3). Exprese verbalmente la nueva relación obtenida.

✖(4). Aplique las relaciones obtenidas a la solución del siguiente problema: "El conjunto solución de una ecuación de segundo grado es $S = \{\sqrt{3}, -\sqrt{3}\}$ construya la ecuación"

✖(5). Construya la ecuación cuadrática cuyo conjunto solución es:

$$\left\{ \frac{3(-p-\sqrt{-2p+p^2})}{2p}, \frac{3(-p+\sqrt{-2p+p^2})}{2p} \right\}$$

✖(6). Determine k en la ecuación $4x^2 + kx + 1 = 0$ para que las raíces sean:

   a. Iguales $x_1 = x_2$

   b. Opuestas $x_1 = -x_2$

✖(7). Determine k en la ecuación $x^2 - 7x + k = 0$ para que sus raíces se diferencien en tres unidades.

✖(8). Determine k en la ecuación $x^2 - 5kx + 2k^2 = 0$ para que la suma de sus raíces sea igual a la mitad del producto de las mismas.

✖ (9). Construir una ecuación cuyas raíces sean la suma y el producto de las raíces de la ecuación $2x^2 - 3x + 5 = 0$.

✖(10). Determinar los valores de k para los cuales la ecuación $3x^2 - 6x + k = 0$ tiene sus raíces reales.

Algo de historia

El estudio sobre la resolución y la aplicación de la ecuación de segundo grado se remonta a los orígenes de la matemática. Los especialistas han identificado tres estilos de encontrar las soluciones de ecuaciones de segundo grado el retórico, el sincopado y el simbólico que aparecen en el desarrollo y evolución del simbolismo algebraico.

En Babilonia, 2000 años antes de nuestra era, la tablilla cuneiforme clasificada como BM13901 contiene abundante material relativo a la resolución de ecuaciones de segundo grado con una incógnita.

BM13901 / Problema 1	**Traducción al simbolismo algebraico moderno**
He sumado el área y el lado de un cuadrado [y he obtenido]: 3/ 4	$x^2 + x = \dfrac{3}{4}$
Escribe 1, el coeficiente [del lado del cuadrado]. Divídelo en dos partes iguales. Multiplica 1/ 2 por 1/ 2: 1/ 4. Añade 1/ 4 a 3/ 4: 1.	$x^2 + x + \left(\dfrac{1}{2}\right)^2 = \dfrac{3}{4} + \dfrac{1}{4} = 1$
Esto es el cuadrado de 1.	$\left(x + \dfrac{1}{2}\right)^2 = 1 \Rightarrow x + \dfrac{1}{2} = 1$
Quita 1/ 2 de 1. El lado del cuadrado es 1/2.	$x = 1 - \dfrac{1}{2} = \dfrac{1}{2}$

El pensamiento griego estuvo marcado por el razonamiento de carácter puramente geométrico que relacionaba la cuadratura como la magnitud que se expresa con relación a la magnitud de sus lados. Expresiones como "al cuadrado" o "es el cuadrado de…" se describían de forma de argumentación verbal dentro de un sistema deductivo que tenía como propósito dar generalidad a sus procedimientos elaborados para que a partir de la deducción generar premisas generales aplicables a los casos particulares y que son particularmente referidas a las áreas y superficies.

En los Elementos de Euclides se describe la siguiente situación:

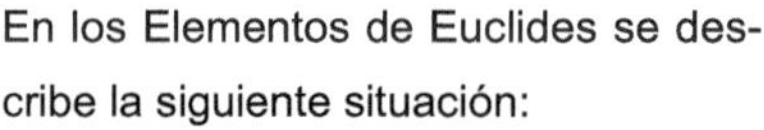

"Si se corta una línea recta en (segmentos) iguales y desiguales, el rectángulo comprendido por los segmentos desiguales de la(recta) entera, junto con el cuadrado de la (recta que está) los puntos de sección, es igual al cuadrado de la mitad".

En la India la solución de segundo grado siguió otro camino, para resolver la ecuación

$$x^2 - 10x = -9,$$

el matemático indio Brahmagupta (ca. 628 d. C.) propuso el siguiente procedimiento:

Multiplica el número absoluto, −9, por

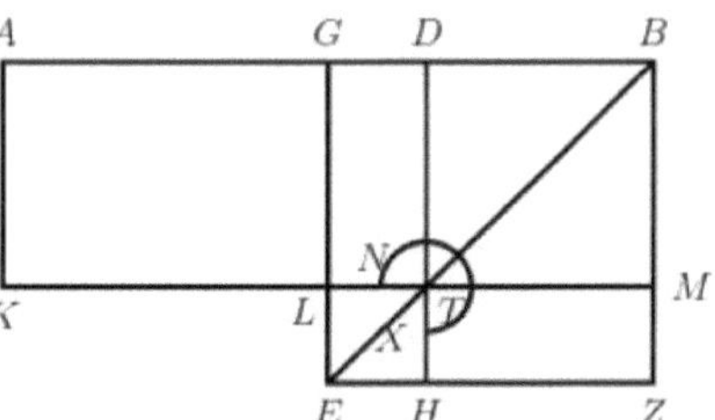

$$a^2x^2 + abx = ac$$

$$a^2x^2 + abx + \left(\frac{b}{2}\right)^2 = ac + \left(\frac{b}{2}\right)^2$$

$$\left(ax + \frac{b}{2}\right)^2 = ac + \left(\frac{b}{2}\right)^2$$

$$ax + \frac{b}{2} = \sqrt{ac + \left(\frac{b}{2}\right)^2}$$

$$ax = -\frac{b}{2} + \sqrt{ac + \left(\frac{b}{2}\right)^2}$$

$$x = \frac{-\frac{b}{2} + \sqrt{ac + \left(\frac{b}{2}\right)^2}}{a}$$

el [coeficiente del] cuadrado, 1; el   resultado es −9. Añádelo al cuadrado de la mitad [del coeficiente del] término medio, 25, y resulta 16; cuya raíz cuadrada, 4, menos la mitad del [coeficiente de la] incógnita, −5, es 9; y dividido por el [coeficiente del] cuadrado, 1, da como resultado el valor de la incógnita, 9.

Los árabes también contribuyeron al desarrollo de los métodos para resolver ecuaciones cuadráticas; el matemático Mohamed ibn Musa al-Khowarizmi (s. IX) utilizó la siguiente estrategia para resolver la ecuación $x^2 + 10x = 39$.

Debes tomar la mitad del número de las raíces, que es 5, y multiplicarlo por sí mismo y obtienes 25 al que le sumas el número 39, con el resultado 64. Tomas la raíz cuadrada de este número, que es 8, y le restas la mitad de las raíces, 5, y obtienes 3, que es el valor buscado.

El Renacimiento comienza con los trabajos de Juan Pérez de Moya (ca. 1512 – 1596), en su *Aritmética Práctica y Especulativa* (1562), resolvió en versión sincopada el siguiente problema cuadrático:

Dame vnnumero que juntandole 5 y por otra parte quitandole 2 y multiplicando la suma por la resta, monte 98. Pon que el numero demandado es   1.co. [= x] si le juntares 5.n. [= 5] será 1.co. p.5.n. [= x + 5]. Si le quitas 2 quedará 1.co.m.2. [= x − 2] multiplicando 1.co.p.5.n. que es la suma, por 1.co.m.2.que es la resta, (...) monta 1.ce.p.3.co.m.10.n. [= $x^2 + 3x - 10$] lo qualigualarâs a 98.n. [= 98] que quisieras que vinieran desta manera 1.ce.p.3.co.m.10.n. ig. a 98.n. [$x^2 + 3x - 10 = 98$]. Passa los10.n. que vienen menos en la vna parte de la balança a la otra (...) y quedará la igualacion desta manera 1.ce.p.3.co. ig.a 108.n. [$x^2 + 3x = 108$]. Sigue la regla partiendo llanamente los 3 y los 108 que es lo queviene con los menores caracteres, *por 1 que viene con el ce. [= x^2] queen este exemplo es el mayor, y vendrà a los quocientes lo mismo: des puessaca la mitad del quociente del mediano, que es 3, y serâvno y medio, quadravno y medio, y seràn dos y vnquarto [= 9/4], juntalo con 108 que es el quociente del menor carácter, y montará 110 y vnquarto* $\left[x^2 + 3x + \frac{9}{4} = 108 + \frac{9}{4} = \frac{441}{4} \Rightarrow \left(x + \frac{3}{2}\right)^2 = \frac{441}{4}\right]$

saca la r. será diez y medio, $\left[x + \frac{3}{2} = \sqrt{\frac{441}{4}} = \frac{21}{2}\right]$*quita desto la otra mitad del quociente del mediano, que es vno y medio, y que darán nueue. Estos nueue es* $\left[x = \frac{21}{2} - \frac{3}{2} = 9\right]$ *el valor de vna cosa [= incógnita] y respuesta de la demanda.*[1]

En 1545 el matemático Jerónimo Cardano reconoció las raíces imaginarias y las llamó "ficticias". Rafael Bombelli continuó los estudios de Cardano y en una de sus obras publicada en 1572 señaló que las cantidades imaginarias eran indispensables para la solución de ecuaciones algebraicas de la forma $x^2 + a = 0$ con $a > 0$. Se necesitaron 350 años para que la afirmación de Bombelli fuese aceptada por matemáticos y filósofos.

Las soluciones de las ecuaciones de tercero y cuarto grado se conocieron en el siglo XVI y están ligadas a los nombres de prestigiosos matemáticos italianos como Fiore, Ferro, Nicolo Fontana, Jerónimo Cardano y Ferrari, los cuales dedujeron las fórmulas que permiten su solución.

---

[1] Se ha respetado la ortografía y redacción

Inecuación cuadrática

El concepto de inecuación está directamente relacionado en el de desigualdad. ✍Por ser el conjunto de los números reales un conjunto ordenado se pueden comparar sus elementos mediante una relación de orden, por lo que podemos decir:

$\forall a, b \in \mathbb{R}; a < b \Leftrightarrow a - b \in \mathbb{R}^-$ $\qquad$ $\forall a, b \in \mathbb{R}; a > b \Leftrightarrow a - b \in \mathbb{R}^+$

$\forall a, b \in \mathbb{R}; a \leq b \Leftrightarrow a - b \in \mathbb{R}_0^-$ $\qquad$ $\forall a, b \in \mathbb{R}; a \geq b \Leftrightarrow a - b \in \mathbb{R}_0^+$

✍Dados dos números reales a y b tales que $a < b$, se define:

- ✓ Intervalo abierto de extremos a y b, al conjunto $\{x \in \mathbb{R}: a < x < b\}$ que también es representado por $]a; b[$ o $(a; b)$.

  Gráficamente es indicado por 

- ✓ Intervalo cerrado de extremos a y b, al conjunto $\{x \in \mathbb{R}: a \leq x \leq b\}$ que también se representa por $[a; b]$.

  Gráficamente é indicado por 

- ✓ Intervalo de extremos a y b cerrado a la izquierda (o abierto a la derecha) al conjunto $\{x \in \mathbb{R}: a \leq x < b\}$ que también se representa por $[a; b[$ o $[a;b)$.

  Gráficamente é indicado por 

- ✓ Intervalo de extremos a y b abierto a la izquierda (o cerrado a la derecha) al conjunto $\{x \in \mathbb{R}: a < x \leq b\}$, que también se representa por $]a; b]$ o $(a;b]$.

  Gráficamente por

El extremo con valor infinito es siempre abierto, por ejemplo $]-\infty; b]$, $]a; +\infty[$.

⚘ Propiedades de las desigualdades:

Dado $a, b \in \mathbb{R}$ se cumple que:

i. $\quad a > b \Rightarrow a \pm c > b \pm c$

ii. $\quad a > b \Rightarrow a \cdot c > b \cdot c \,, \forall c > 0$

iii. $\quad a > b \Rightarrow a \cdot c < b \cdot c \,, \forall c < 0$

✎(5). Una inecuación es una desigualdad que contiene incógnitas.

✎(6). Resolver una inecuación es encontrar el intervalo de números reales para el cual la inecuación se transforma en una desigualdad verdadera y para resolverlas se debe aplicar las propiedades de las desigualdades.

✎(7). Si la expresión algebraica que define la inecuación es un polinomio de segundo grado, decimos que se trata de una inecuación cuadrática.

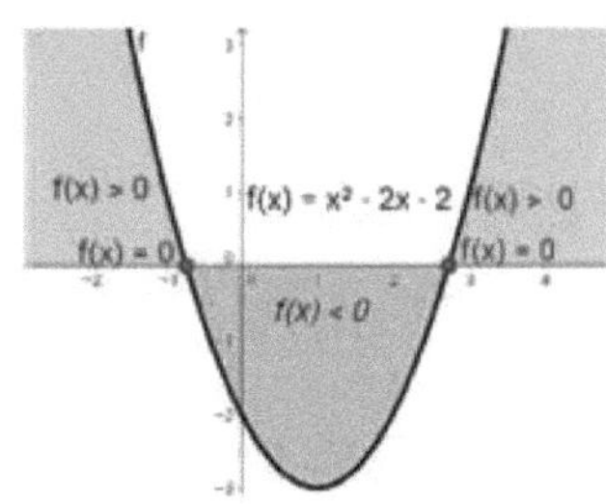

Las soluciones de las inecuaciones cuadráticas están íntimamente relacionadas con las soluciones de las ecuaciones de segundo grado.

Esquema de solución

	$ax^2 + bx + c > 0$	
	a>0	a<0
$\Delta > 0$	$x < x_1 \lor x > x_2$	$x_2 < x < x_1$
$\Delta = 0$	Todo x tal que $x \neq x_1 = x_2$	No solución
$\Delta < 0$	Cualquier valor de x	No solución
	a>0	a<0
	$ax^2 + bx + c < 0$	

♟(2). Hallar el conjunto solución de la inecuación $x^2 - 5x + 6 > 0$

Por el ejercicio $x^2 - 5x + 6 = 0$, resuelto anteriormente se sabe que: $\Delta = 1$; $x_1 = 3$ y $x_2 = 2$.

Por tanto cumple las condiciones

$$\Delta > 0; \quad a > 0 \; x^2 - 5x + 6 > 0$$

por   lo   que   la   solución   es: $x < 2 \vee x > 3$

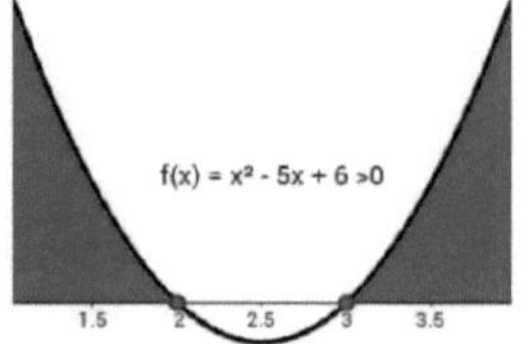

♟(3). Hallar el conjunto solución de la ecuación $x^2 - 2x + 2 < 0$.

Por ejercicio resuelto $\Delta = -4$ y por tanto la inecuación no tiene solución.

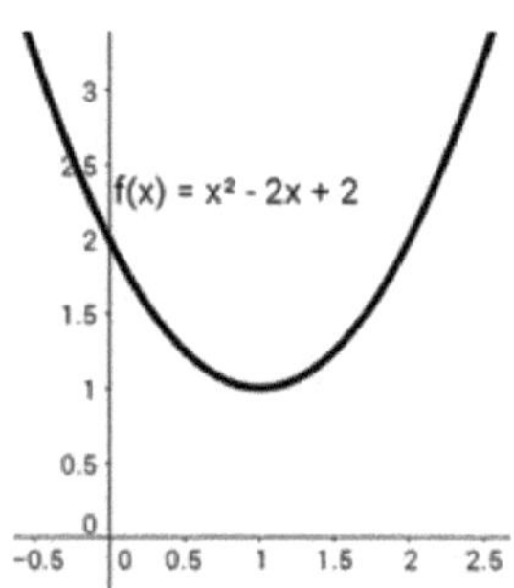

🔧(11). Exprese en notación de conjuntos e intervalos las respuestas de los ejercicios resueltos.

Ahora con la computadora

Realmente ahora con la computadora la solución de ecuaciones no es un problema y en dependencia del asistente matemático de que se disponga lo más importante es el obtener la ecuación que se desea resolver y la interpretación del resultado unido al análisis de los gráficos asociados a las ecuaciones.

Veamos algunos ejemplos con el asistente Wolfram Mathematica.

Tratemos de solucionar la ecuación $x^2 + 0{,}40002x + 0{,}000008 = 0$.

El asistente exige plantear la ecuación según la siguiente sintaxis:

Solve [x^2 + 0.4002x+0.000008==0,x]

De inmediato es dada la respuesta *{{x →-0.40018}, {x →-0.000019991}}*.

Al copiar estos valores para constatar la relación entre soluciones y coeficientes, la aproximación se hizo mayor y se obtuvo como resultados:

x_1=-0.40018000899640127; x_2 = -0.00001999100359876283.

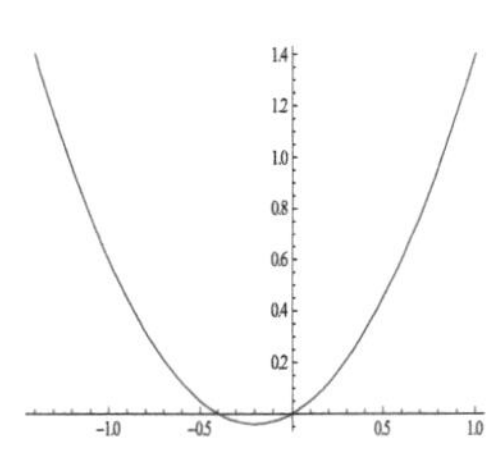

Para hallar el gráfico se sigue la sintaxis y ante valores tan pequeños lo aconsejable es incrementar 1 a las raíces obtenidas para precisar el intervalo del gráfico.

$Plot[x^2 + 0.4002x + 0.000008, \{x,$
$-0.40018000899640127 - 1,$
$-0.00001999100359876283 + 1\}]$. El gráfico se obtuvo de inmediato.

Ante una inecuación, utilizando la adecuada sintaxis se obtiene también el resultado. Ejemplo: *Reduce [x^2 + 0.4002x+0.000008<0, x]* y da como resultado -*0.40018<x<-0.000019991*. Solución que se corrobora en el gráfico.

El asistente puede resolver ecuaciones más complejas como la siguiente:

$$px^2 + 0{,}40002(p + 1)x + 0{,}000008(p + 2) = 0$$

Planteada la ecuación: Reduce *[p x^2 + 0.4002 (p+1) x+0.000008 (p+2) ==0, x]*

Se obtiene el siguiente resultado: *(p=0 && x=-0.00003998)*

Este resultado indica que si *p=0* entonces *x=-0.00003998*.

Para este caso se tendría la ecuación: $0{,}40002x + 0{,}000016 = 0$ como resultado con una calculadora se obtiene:

x=-3,9998000099995000249987500624969e-5, resultado que se corresponde con el dado.

Si $p \neq 0$ entonces se obtiene las dos soluciones que se dan a continuación

$$p \neq 0 \ \&\& \ (x = (1/p)0.0001(-2001.-2001.p$$
$$-1.\sqrt{4.004\times10^6 + 8.0064\times10^6\,p + 4.0032\times10^6\,p^2}$$

$$p \neq 0 \ \&\& \ (x = (1/p)0.0001(-2001.-2001.p$$
$$+1.\sqrt{4.004\times10^6 + 8.0064\times10^6\,p + 4.0032\times10^6\,p^2}$$

Entonces, ¿para qué enseñar a resolver ecuaciones manualmente? En verdad resultas de indiscutible valor emplear asistentes matemáticos para resolver ecuaciones como las planteadas, pero en un procedimiento matemático cotidiano el matemático tiene que vérsela con múltiple ecuaciones para cuya solución utilizar el ordenador le sería innecesario y hasta engorroso, máxime cuando en ocasiones ni siquiera se necesita encontrar un resultado, basta para ellos saber si la ecuación tiene o no solución y en qué rango de valor se encuentra dicha solución.

Ecuaciones bicuadráticas

Las ecuaciones bicuadráticas pertenecen a un conjunto de casos particulares de ecuaciones que pueden resolverse mediante transformaciones convenientes.

(8). Se llama bicuadrática una ecuación de la forma $ax^4 + bx^2 + c = 0$.

(4). a) Hallar las soluciones de la ecuación $36x^4 - 97x^2 + 36 = 0$.

Auxiliado de un asistente matemático obtenemos el gráfico y las soluciones.

Solve[36x^4-97x^2+36=0,x]

{{x→-(3/2)},{x→-(2/3)},{x→2/3},{x→3/2}}

Plot[36x^4-97x^2+36,{x,-2,2}]

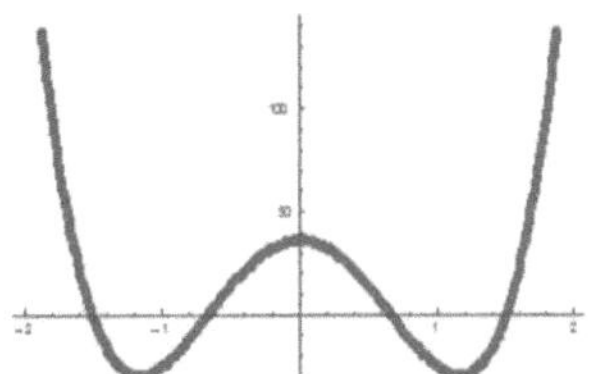

La variante de solución para este tipo de ecuación es realizar un cambio de variables, haciendo $z = x^2$ la ecuación original se transforma $36z^2 - 97z + 36 = 0$.

$$\Delta = (-97)^2 - 4(36)(36) = 4225$$

$$z_{1,2} = \frac{97 \pm \sqrt{4225}}{72} = \frac{97 \pm 65}{72} = \begin{cases} z_1 = \dfrac{9}{4} \Rightarrow x^2 = \dfrac{9}{4} \Rightarrow \begin{cases} x_1 = \dfrac{3}{2} \\ x_2 = -\dfrac{3}{2} \end{cases} \\ z_2 = \dfrac{4}{9} \Rightarrow x^2 = \dfrac{4}{9} \Rightarrow \begin{cases} x_3 = \dfrac{2}{3} \\ x_4 = -\dfrac{2}{3} \end{cases} \end{cases}$$

b) Hallar las soluciones de la ecuación $x^4 - 30x^2 + 225 = 0$.

La expresión algebraica de esta ecuación es un trinomio cuadrado perfecto que puede expresarse por $(x^2 - 15)^2 = 0 \Rightarrow x^2 = 15 \Rightarrow \begin{cases} x_1 = \sqrt{15} \\ x_2 = -\sqrt{15} \end{cases}$

La ecuación en cuestión tiene dos "ceros dobles", recuerde que una ecuación algebraica de "grado n" tiene n raíces reales o complejas. El gráfico constata el comportamiento de la ecuación.

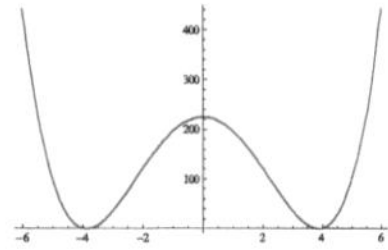

🔔(5). Hallar las soluciones de la ecuación $x^4 + x^2 + 1 = 0$.

$$\Delta = (1)^2 - 4(1)(1) = -3$$

El valor del discriminante indica que la ecuación no tiene solución en $\mathbb{R}$.
Siguiendo el proceso anterior se tiene:

$$z_{1,2} = \frac{1 \pm \sqrt{-3}}{2} = \frac{1 \pm \sqrt{3}\, i}{2} = \begin{cases} z_1 = \dfrac{1 + \sqrt{3}\, i}{2} \Longrightarrow \begin{cases} x_1 = \sqrt{\dfrac{1 + \sqrt{3}\, i}{2}} \\[2mm] x_2 = -\sqrt{\dfrac{1 + \sqrt{3}\, i}{2}} \end{cases} \\[8mm] z_2 = \dfrac{1 - \sqrt{3}\, i}{2} \Longrightarrow \begin{cases} x_3 = \sqrt{\dfrac{1 - \sqrt{3}\, i}{2}} \\[2mm] x_4 = -\sqrt{\dfrac{1 - \sqrt{3}\, i}{2}} \end{cases} \end{cases}$$

Más adelante se simplificarán las soluciones obtenidas. En este caso el gráfico es particularmente interesante, observe que aunque tiene forma de parábola, "el vértice" difiere del de la función cuadrática.

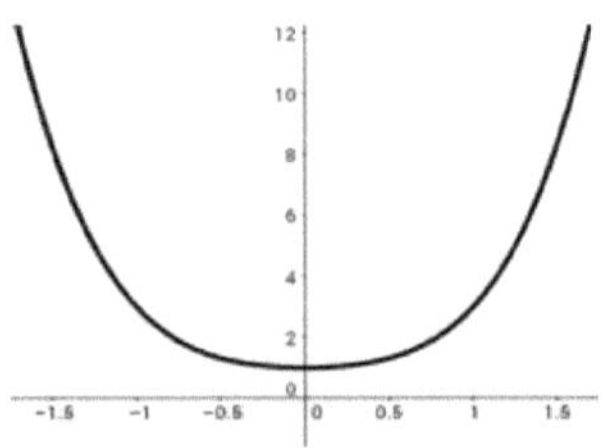

☞Aunque no se trata de una ecuación bicuadrática, pero aprovechando la solución del ejercicio anterior propondremos analizar la siguiente ecuación:

♣(6). Hallar las soluciones de la ecuación $x^4 + x^3 - 3x^2 - 4x - 4 = 0$.

Para resolver esta ecuación existen distintos métodos, uno de ellos es la llamada regla de Ruffini, pero por tener un término medio es posible descomponerlo y agruparlo convenientemente:

$$x^4 + x^3 + x^2 - 4x^2 - 4x - 4 = 0\,;\; x^2(x^2 + x + 1) - 4(x^2 + x + 1) = 0$$

$$(x^2 - 4)(x^2 + x + 1) = 0;\, (x - 2)(x + 2)(x^2 + x + 1) = 0$$

La ecuación tiene dos soluciones reales $x_1 = 2$, $x_2 = -2$ y dos soluciones complejas $x_3 = \dfrac{1+\sqrt{3}\,i}{2}$; $x_4 = \dfrac{1-\sqrt{3}\,i}{2}$ .El gráfico también resulta interesante.

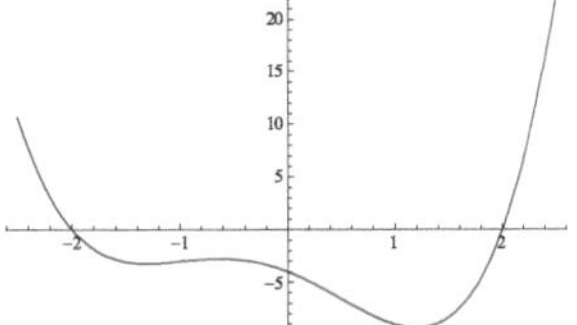

Raíz cuadrada de números complejos en forma binómica

En el ejemplo ♣(5) la solución quedó planteada de la siguiente forma: $x_1 = \sqrt{\dfrac{1+\sqrt{3}\,i}{2}}$

pero ¿cuál es el valor de $\sqrt{1 + \sqrt{3}\,i}$? Generalmente al tratar las raíces de los números complejos el cálculo se realiza en la forma trigonométrica por la mayor facilidad, pero también es posible hacerlo en la forma binómica y por su relación con el tema de ecuaciones cuadráticas se tratará en este epígrafe.

Supongamos que

(a) $\sqrt{1 + \sqrt{3}\,i} = a + bi$, el problema ahora es determinar los valores de a y b.

Si se eleva al cuadrado ambos miembros de la expresión (a) se tiene:

(b) $\left(\sqrt{1 + \sqrt{3}\,i}\right)^2 = (a + bi)^2 \Rightarrow 1 + \sqrt{3}\,i = a^2 + 2abi + b^2 i^2 \Rightarrow$

$$1 + \sqrt{3}\,i = (a^2 - b^2) + 2abi$$

Por criterio de igualdad de números complejos, de (b) se puede concluir que:

(c) $\begin{cases} a^2 - b^2 = 1 \\ 2ab = \sqrt{3} \end{cases}$

Elevando al cuadrado los miembros de ambas ecuaciones se obtiene;

(d) $\begin{cases} (a^4 - 2a^2b^2 + b^4) = 1 \\ 4a^2b^2 = 3 \end{cases}$

Sumando ambas ecuaciones se obtiene:

(e) $(a^4 + 2a^2b^2 + b^4) = 4 \implies (a^2 + b^2)^2 = 4 \implies a^2 + b^2 = 2$.

Ⓟ ¿Por qué no se tomó también la opción $a^2 + b^2 = -2$?

De (c) y (e) se obtiene:

(f) $\begin{cases} a^2 - b^2 = 1 \\ a^2 + b^2 = 2 \end{cases} \implies 2a^2 = 3 \implies a = \sqrt{\dfrac{3}{2}} = \dfrac{\sqrt{6}}{2}$ Sustituyendo en la segunda ecuación

de (c) se tiene: $2\dfrac{\sqrt{6}}{2}b = \sqrt{3} \implies \sqrt{6}b = \sqrt{3} \implies b = \dfrac{\sqrt{3}}{\sqrt{6}} \implies b = \dfrac{1}{\sqrt{2}} \implies b = \dfrac{\sqrt{2}}{2}$

Conclusión: $\sqrt{1 + \sqrt{3}\,i} = \dfrac{\sqrt{6}}{2} + \dfrac{\sqrt{2}}{2}i \implies \dfrac{\sqrt{6}+\sqrt{2}i}{2}$

La solución de la ecuación de ☙(5) es $x_1 = \sqrt{\dfrac{1+\sqrt{3}\,i}{2}}$ sustituyendo el valor hallado:

$$x_1 = \frac{\frac{\sqrt{6}+\sqrt{2}i}{2}}{\sqrt{2}} \implies x_1 = \frac{\frac{(\sqrt{6}+\sqrt{2}i)\sqrt{2}}{2}}{2} \implies x_1 = \frac{(\sqrt{6}+\sqrt{2}i)\sqrt{2}}{4}$$

$$\implies x_1 = \frac{(\sqrt{12}+2i)}{4} \implies x_1 = \frac{2(\sqrt{3}+i)}{4} \implies x_1 = \frac{2(\sqrt{3}+i)}{4} \implies x_1 = \frac{(\sqrt{3}+i)}{2}$$

🛠(12). Generalice el método anterior para calcular $\sqrt{a + bi}$.

Ecuaciones recíprocas de cuarto grado

(9). Una ecuación recíproca o recurrente es aquella que no varía cuando se "x"
por "1/x"; es decir, que si "a" es solución de la ecuación entonces "1/a" también lo
es.

¿Qué forma adopta una ecuación recíproca de cuarto grado?

Sea la ecuación (1) $ax^4 + bx^3 + cx^2 + dx + e = 0$

Si la ecuación (1) es recíproca, se puede sustituir x por $1/x$ sin que se altere:

$$a\left(\frac{1}{x}\right)^4 + b\left(\frac{1}{x}\right)^3 + c\left(\frac{1}{x}\right)^2 + d\left(\frac{1}{x}\right) + e = 0$$

Simplificando se tiene: (2) $ex^4 + dx^3 + cx^2 + bx + a = 0$.

De (1) y (2) se infiere que $a \neq 0$ y $e \neq 0$.

(13). Justifique la afirmación anterior.

Sugerencia: Analice qué número sería solución de la ecuación si $a = 0$ ó
$e = 0$ ¿Es esto posible dada las condiciones que cumplen las ecuaciones
recíprocas?

La afirmación anterior permite dividir (1) por "a" y (2) por "e" obteniendo:

$$(3) \quad x^4 + \frac{b}{a}x^3 + \frac{c}{a}x^2 + \frac{d}{a}x + \frac{e}{a} = 0$$

$$(4) \quad x^4 + \frac{d}{e}x^3 + \frac{c}{e}x^2 + \frac{b}{e}x + \frac{a}{e} = 0$$

Restando (3) de (4) se obtiene:

$$(5) \quad \left(\frac{b}{a} - \frac{d}{e}\right)x^3 + \left(\frac{c}{a} - \frac{c}{e}\right)x^2 + \left(\frac{d}{a} - \frac{b}{e}\right)x + \left(\frac{e}{a} - \frac{a}{e}\right) = 0$$

Las ecuaciones (3) y (4) tienen 4 soluciones iguales, es decir, el polinomio se anula para 4 valores, por lo que la ecuación (5) conserva las propiedades, pero es un

polinomio de grado tres que se anula para cuatro valores y según el principio de identidad de polinomio, si el número de valores que anulan a un polinomio de grado n es mayor que n, el polinomio es idénticamente nulo, es decir, todos sus coeficientes son cero. Esto justifica que:

a) $\dfrac{b}{a} - \dfrac{d}{e} = 0 \Rightarrow \dfrac{b}{a} = \dfrac{d}{e} \Rightarrow be = da$

b) $\dfrac{c}{a} - \dfrac{c}{e} = 0 \Rightarrow \dfrac{c}{a} = \dfrac{c}{e} \Rightarrow ce = ca$

c) $\dfrac{d}{a} - \dfrac{b}{e} = 0 \Rightarrow \dfrac{d}{a} = \dfrac{b}{e} \Rightarrow de = ba$

d) $\dfrac{e}{a} - \dfrac{a}{e} = 0 \Rightarrow e^2 - a^2 = 0 \Rightarrow (e-a)(e+a) = 0 \Rightarrow e = a \ \vee \ e = -a$

De (d) se deduce que:

i. Si $a = e$ entonces, sustituyendo en (a) o en (c) se tiene que $b = d$ y la igualdad (b) se cumple para cualquier valor de c.

ii. Si $a = -e$ entonces, sustituyendo en (a) o en (c) se tiene que $b = -d$ y la igualdad (b) se cumple para $c = 0$.

Se puede concluir entonces que:

☚(10). Una ecuación recíproca de cuarto grado es de la forma:

i. $ax^4 + bx^3 + cx^2 + bx + a = 0$ o de la forma

ii. $ax^4 + bx^3 + cx^2 - bx - c = 0$

Ⓟ Observe el comportamiento de los términos equidistantes del término medio. ¿Puede inferir alguna regla?

Un ejemplo de tales ecuaciones puede ser:

$6x^4 - 5x^3 - 38x^2 - 5x + 6 = 0$ cuyas soluciones utilizando nuestro asistente matemático son $\{\{x \to -2\}, \{x \to -\tfrac{1}{2}\}, \{x \to \tfrac{1}{3}\}, \{x \to 3\}\}$ y el gráfico se adjunta.

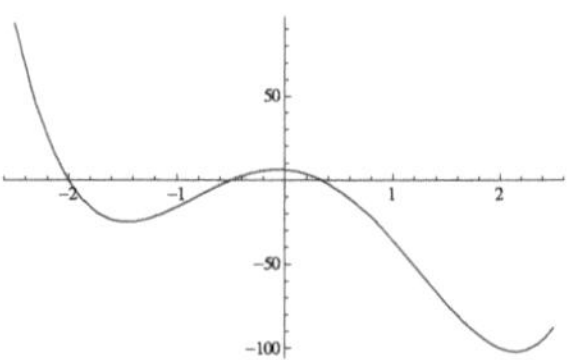

Si realizamos una "pequeña variación" a los coeficientes de modo que cumplan la segunda condición de las ecuaciones recíprocas de cuarto grado se tiene la siguiente ecuación: $6x^4 - 5x^3 - 38x^2 + 5x - 6 = 0$.

De las soluciones que devuelve el asistente sólo mostraré una de ellas:

$$\left\{x \to \frac{5}{24} + \frac{1}{24}\sqrt{633 - \frac{8696}{(108395 - 3\sqrt{1162790058})^{1/3}} - 8(108395 - 3\sqrt{1162790058})^{1/3}} + \frac{1}{2}\sqrt{\left(\frac{211}{24}\right.}$$

$$+ \frac{1087}{18(108395 - 3\sqrt{1162790058})^{1/3}} + \frac{1}{18}(108395 - 3\sqrt{1162790058})^{1/3}$$

$$+ \frac{3245}{72\sqrt{633 - \frac{8696}{(108395 - 3\sqrt{1162790058})^{1/3}} - 8(108395 - 3\sqrt{1162790058})^{1/3}}}\left.\right)\right\}$$

Naturalmente estos asistentes también permiten calcular el valor numérico aproximado de estas expresiones y para el caso las soluciones son:

{{x→0.0712567-0.383162i},{x→0.0712567 +0.383162i},

{x→-2.2436},{x→2.93442}}

Como puede observarse hay dos soluciones complejas. El gráfico ilustra este comportamiento.

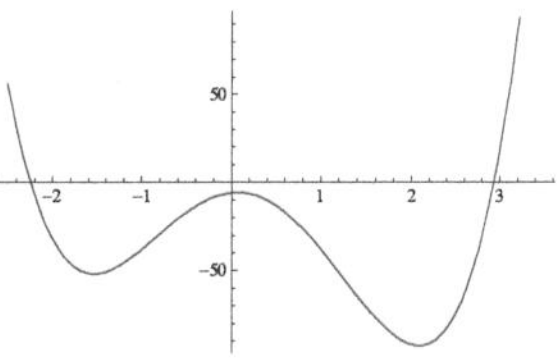

✍¿Cómo resolver una ecuación simétrica de cuarto grado?

i. Una vez identificada que se trata de una ecuación simétrica de cuarto grado, la idea esencial de solución es reducirla a una de segundo grado, para ello tenemos la "ventaja" de saber que en este tipo de ecuaciones ninguna solución es cero y por tanto puedo dividir el polinomio por x^2.

Ⓟ La justificación de esta afirmación está en ✹(12).

Para la explicación se utilizará en cada paso la forma general de la ecuación que se analiza y la ecuación particular cuya solución se conoce porque se presentó el resultado que dio el asistente matemático.

$$ax^4 + bx^3 + cx^2 + bx + a = 6x^4 - 5x^3 - 38x^2 - 5x + 6 = 0$$

Resultado de este paso:

$$ax^2 + bx + c + b\frac{1}{x} + a\left(\frac{1}{x}\right)^2 = 6x^2 - 5x - 38 - 5\frac{1}{x} + 6\left(\frac{1}{x}\right)^2 = 0.$$

ii. Realizar una agrupación "conveniente" de los términos.

$$a\left(x^2 + \left(\frac{1}{x}\right)^2\right) + b\left(x + \frac{1}{x}\right) + c = 6\left(x^2 + \left(\frac{1}{x}\right)^2\right) - 5\left(x + \frac{1}{x}\right) - 38 = 0.$$

iii. Completar un trinomio cuadrado perfecto en el primer agrupamiento, de modo tal que quede de la siguiente forma:

$$\left(x + \frac{1}{x}\right)^2 = x^2 + 2x\frac{1}{x} + \left(\frac{1}{x}\right)^2 = x^2 + 2 + \left(\frac{1}{x}\right)^2.$$

Por tanto, bastaría sumar $2a$ y restar $2a$ para no alterar resultado.

Ⓟ ¿Sabe el porqué se suma $2a$?

Las ecuaciones quedan de la siguiente forma:

$$a\left(x^2 + 2 + \left(\frac{1}{x}\right)^2\right) + b\left(x + \frac{1}{x}\right) + c - 2a = a\left(x + \frac{1}{x}\right)^2 + b\left(x + \frac{1}{x}\right) + (c - 2a) = 0$$

$$6\left(x^2 + 2 + \left(\frac{1}{x}\right)^2\right) - 5\left(x + \frac{1}{x}\right) - 38 - 12 = 0 \Rightarrow 6\left(x + \frac{1}{x}\right)^2 - 5\left(x + \frac{1}{x}\right) - 50 = 0$$

iv. Se impone ahora un elemental cambio de variable. Sea $(iv) z = x + \frac{1}{x}$

Las ecuaciones quedan de la siguiente forma

$$az^2 + bz + (c - 2a) = 0 \qquad 6z^2 - 5z - 50 = 0$$

Resolviendo esta ecuación se tiene:

$$\left\{\left\{z = \frac{-b - \sqrt{8a^2 + b^2 - 4ac}}{2a}\right\}, \left\{z = \frac{-b + \sqrt{8a^2 + b^2 - 4ac}}{2a}\right\}\right\}$$

Ⓟ✗(14). ¿Qué condición deben cumplir los coeficientes de una ecuación de la forma $ax^4 + bx^3 + cx^2 + bx + a = 0$ para que tengas soluciones reales?

Las soluciones de la ecuación en z son: $\left\{-\frac{5}{2}, \frac{10}{3}\right\}$.

Sustituyendo se tiene (iv) se tiene:

$$
\begin{cases}
x + \dfrac{1}{x} = -\dfrac{5}{2} \Rightarrow 2x^2 + 2 = -5x \Rightarrow 2x^2 + 5x + 2 = 0 \Rightarrow \begin{cases} x_1 = 2 \\ x_2 = \dfrac{1}{2} \end{cases} \\[4ex]
x + \dfrac{1}{x} = \dfrac{10}{3} \Rightarrow 3x^2 + 3 = 10x \Rightarrow 3x^2 + 10x + 3 = 0 \Rightarrow \begin{cases} x_3 = -3 \\ x_4 = -\dfrac{1}{3} \end{cases}
\end{cases}
$$

Una de las soluciones generales es:

$$
\left\{ x = \frac{-b - \sqrt{8a^2 + b^2 - 4ac} - \sqrt{-16a^2 + \left(b + \sqrt{8a^2 + b^2 - 4ac}\right)^2}}{4a} \right\}
$$

✗(15). Encuentre la solución para la segunda ecuación ejemplo.

✗(16). La ecuación

$$
1 - \frac{5a^2}{2} + a^4 = 0
$$

es una ecuación simétrica. Justifique este planteamiento y resuelva la ecuación.

✗(17). Las soluciones de la ecuación simétrica

$$
1 - \frac{3iy}{2} + 2y^2 - \frac{3iy^3}{2} + y^4 = 0
$$

son todas complejas. Hállelas.

✗(18). Esta ecuación simétrica tiene dos soluciones reales y dos soluciones pertenecientes al conjunto de los complejos

$$
1 - \frac{17y}{4} + 2y^2 - \frac{17y^3}{4} + y^4 = 0
$$

🛠(19). Aunque los coeficientes de esta ecuación están dados en función del parámetro "a"

$$1-\frac{2z}{3a}+2az-\frac{4z^2}{3}-\frac{z^2}{3a^2}-3a^2z^2-\frac{2z^3}{3a}+2az^3+z^4=0\,,$$

ella es una ecuación simétrica. Después de resolverla, construya otra ecuación sustituyendo el parámetro *a* por un valor numérico y constate los resultados calculados.

🛠(20). Construya una ecuación simétrica con 4 soluciones reales. Construya una ecuación simétrica con 2 soluciones reales y dos complejas.

(1). Pruebe que si las soluciones de la ecuación

$$az^2+bz+(c-2a)=0$$

(z_1 y z_2) son reales, entonces el cambio de variable nos conduce a las ecuaciones

$$x^2-z_1x+1=0\ y x^2-z_2x+1=0$$

que contiene las soluciones finales deseadas.

(2) Si una ecuación de tercer grado es recíproca, entonces una de las raíces toma los valores 1 o -1. Justifique esta afirmación.

(3) Deduzca la forma que adopta una ecuación de tercer grado recíproca.

(4) De (2) se puede inferir que si una ecuación de tercer grado es recíproca entonces se puede descomponer en el producto de $(x-1)(ax^2+bx+c)=0$ o $(x+1)(ax^2+bx+c)=0$ ¿qué formato adopta la ecuación de segundo grado en cada caso.

(5) Las soluciones de la ecuación

$$-1+\frac{13z}{3}-\frac{13z^2}{3}+z^3=0$$

son $x_1=1$, $x_2=3$, $x_3=\frac{1}{3}$. Calcule estos valores utilizando las fórmulas que dedujo en (4).

(6) Elabore un conjunto ecuaciones recíprocas de tercer grado y pruebe las fórmulas obtenidas.

Inecuaciones bicuadráticas y recíprocas de cuarto grado

En el epígrafe "Inecuación cuadrática" se presentó un esquema para la solución de este tipo de inecuación. Ahora se propondrá uno para polinomio de cuarto o mayor grado (puede generalizarse para inecuaciones fraccionarias).Se tomará de ejemplo un polinomio cuyos ceros reales han sido calculados.

Sea la inecuación $36x^4 - 97x^2 + 36 < 0$ cuyos ceros reales son:

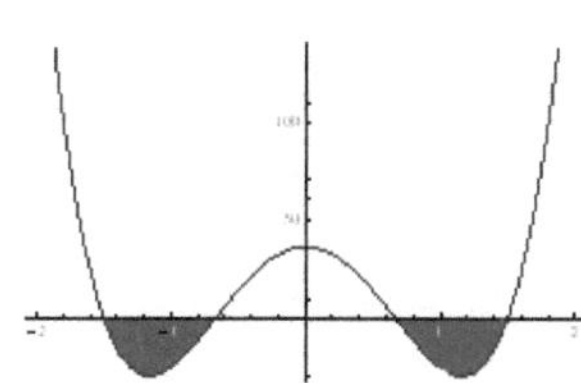

$x_1 = \frac{3}{2}$; $x_2 = -\frac{3}{2}$; $x_3 = \frac{2}{3}$;$x_4 = -\frac{2}{3}$ La descomposición del polinomio de esta ecuación es:

$$P(x) = \left(x + \frac{3}{2}\right)\left(x + \frac{2}{3}\right)\left(x - \frac{2}{3}\right)\left(x - \frac{3}{2}\right).$$

Organizando en una tabla cada uno de estos factores, se determina el signo encada intervalo definido por las soluciones de la ecuación y sobre esta base, aplicando la ley del producto de los signos, se calcula el signo del polinomio en cada intervalo.

	$-\infty$	$-\frac{3}{2}$	$-\frac{2}{3}$	$\frac{2}{3}$	$\frac{3}{2}$	$+\infty$	
$x + \frac{3}{2}$	-	+	+	+	+		Signo de cada factor por intervalo
$x + \frac{2}{3}$	-	-	+	+	+		
$x - \frac{2}{3}$	-	-	-	+	+		
$x - \frac{3}{2}$	-	-	-	-	+		
$P(x)$	+	-	+	-	+		Signo del polinomio por intervalo

El conjunto solución se corresponde con la unión de los intervalos que satisfacen la inecuación:

$$S = \left]-\frac{3}{2}; -\frac{2}{3}\right[\cup \left]\frac{2}{3}; \frac{3}{2}\right[$$

Observe las condiciones de abierto en los extremos de los intervalos y la representación de los mismos en el gráfico adjunto.

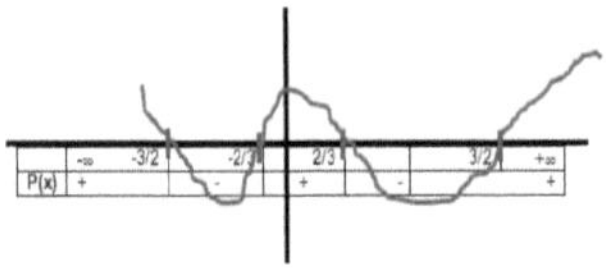

Este análisis del signo de la expresión que define la inecuación por intervalos facilita la realización de esbozos gráficos a mano alzada para estudiar el comportamiento de la función como se ilustra en el gráfico adjunto.

Sea la inecuación $6x^4 - 5x^3 - 38x^2 - 5x + 6 >= 0$ con ceros $x_1 = 2$; $x_2 = \frac{1}{2}$; $x_3 = -3$; $x_4 = -\frac{1}{3}$. Siguiendo el procedimiento anterior se tiene.

	$-\infty$ -3	$-\frac{1}{3}$	$\frac{1}{2}$	2	$+\infty$	
$x+3$	-	+	+	+	+	Signo de cada factor por intervalo
$x+\frac{1}{3}$	-	-	+	+	+	
$x-\frac{1}{2}$	-	-	-	+	+	
$x-2$	-	-	-	-	+	
$\boldsymbol{P(x)}$	+	-	+	-	+	Signo del polinomio por intervalo

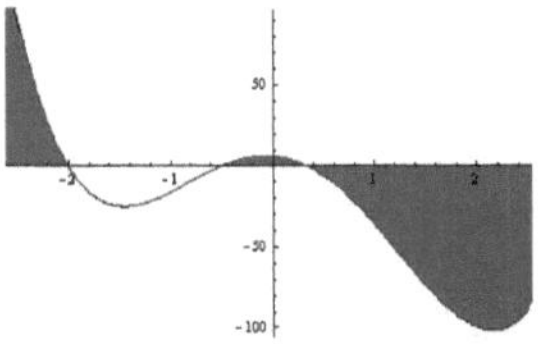

Según las exigencias de la inecuación el conjunto solución es:

$$S =]-\infty;\ -3] \cup \left[-\frac{1}{3};\frac{1}{2}\right] \cup [2,+\infty[$$

Aquí las condiciones de abierto y cerrado en los extremos de los intervalos están dadas por las condiciones de la inecuación y la interpretación $-\infty, +\infty$. El gráfico adjunto complementa los resultados.

🛠(21). Convierta en inecuaciones las restantes ecuaciones resueltas o planteadas como tareas y resuélvalas por la vía propuesta. Haga un esbozo de sus gráficos.

Ecuaciones binomia combinadas con ecuaciones cuadráticas

(11). Se llama ecuación binomia a una ecuación del tipo $x^n - A = 0$ con $A \in \mathbb{C}$.
Los matemáticos de la antigüedad dieron gran importancia a este tipo de ecuaciones, cuya solución se obtiene mediante el siguiente algoritmo:

1. Expresar "A" como un número complejo en su forma trigonométrica.

   Como A es un número complejo es de la forma $a + bi$.

   Si $b = 0$ se trata de un número real.

   Si $a = 0$ se trata de un numero complejo de los llamados imaginario puros.

   Una representación gráfica del número complejo "A" se muestra en la figura adjunta donde $\rho = \sqrt{a^2 + b^2}$; $a = \rho \cos \varphi$; $b = \rho \, sen \, \varphi$

   De lo anterior se puede concluir que:

   $a + bi = \rho \cos \varphi + i \, \rho \, sen \, \varphi = \rho \, (\cos \varphi + i \, sen \, \varphi)$

   Más sintéticamente $a + bi = \rho \, c \, is \, \varphi$.

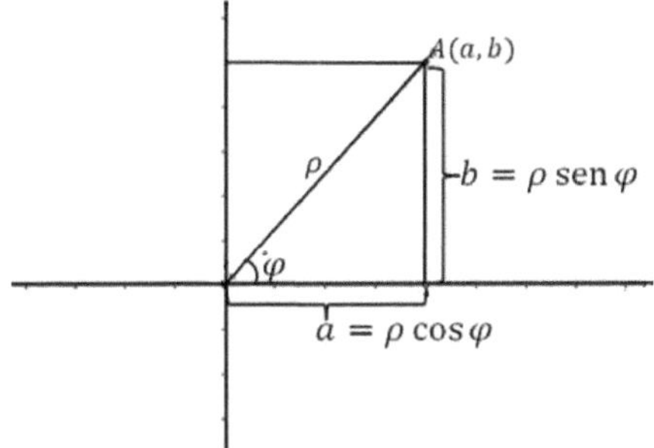

Abraham De Moivre
Matemático francés, 1667-1754. Realizó importantes contribuciones a probabilidad, estadística y trigonometría. Desarrolló el concepto de eventos estadísticamente independientes, escribió un tratado fundamental sobre probabilidad y ayudó a transformar la trigonometría de una rama de la geometría a una rama del análisis a través del empleo de los números complejos. A pesar de su importante trabajo, a duras penas se las arreglaba para vivir como tutor y asesor sobre juegos y seguros. Introductor de la trigonometría con cantidades imaginarias, demostró la fórmula

$$(cos x + i \, sen \, x) m = \\ = \cos(mx) + i \, sen(mx)$$

Varias reglas prácticas se pueden aplicar en el proceso de expresar un número complejo en forma trigonométrica.

$$Si\ a = 0\ entonces \begin{cases} A = bcis\dfrac{\pi}{2}\ para\ b \geq 0 \\ A = bcis\dfrac{3\pi}{2}\ para\ b < 0 \end{cases}$$

$$Si\ b = 0\ entonces \begin{cases} A = acis\ 0\ para\ b \geq 0 \\ A = acis\ \pi\ para\ b < 0 \end{cases}$$

Para los casos $a \neq 0$ y $b \neq 0$ es necesario calcular el valor principal φ, y una de las formas de hacerlo es mediante la expresión

$$\varphi = arctan\left(\frac{|b|}{|a|}\right).$$

Para el caso trivial $a > 0$ y $b > 0$, $A = \rho\ cis\ \varphi$. Para los demás casos se tiene;

$$A = \begin{cases} \rho\ cis\ (\pi - \varphi) para\ a < 0\ y\ b > 0 \\ \rho\ cis\ (\pi + \varphi) para\ a < 0\ y\ b < 0 \\ \rho\ cis\ (2\pi - \varphi) para\ a > 0\ y\ b > 0 \end{cases}$$

2. Calcular las n raíces complejas del número complejo "A" expresado en forma trigonométrica aplicando la fórmula de Moivre.

$$\sqrt[n]{\rho\ cis\ \varphi} = \sqrt[n]{\rho}\ cis\left(\frac{\varphi}{n} + \frac{2k\pi}{n}\right); \ k = 0,1,\ldots n - 1.$$

3. Para expresar las raíces en forma binómica basta con sustituir ρ y φ por sus valores.

♪(7). Hallar las soluciones de la ecuación $x^6 = 64$.

$$x^6 = 64\ cis\ 0 \implies x = \sqrt[6]{64\ cis\ 0} = \sqrt[6]{64}\ cis\left(\frac{0}{6} + \frac{2k\pi}{6}\right) = 2cis\left(0 + k\frac{\pi}{3}\right)$$

Soluciones:

$x_1 = 2cis(0); k = 0;\ x_2 = 2cis\left(\frac{\pi}{3}\right); k = 1$

$x_3 = 2cis\left(2\frac{\pi}{3}\right); k = 2;\ x_4 = 2cis(\pi); k = 3$

$$x_5 = 2cis\left(4\frac{\pi}{3}\right); k = 4; \; x_6 = 2cis\left(5\frac{\pi}{3}\right); k = 5$$

$$x_1 = 2; \quad x_2 = 1 + 1{,}7325i; \quad x_3 = -1 + 1{,}7325i;$$

$$x_4 = -2; \quad x_5 = -1 - 1{,}7325i; \quad x_3 = 1 - 1{,}7325i;$$

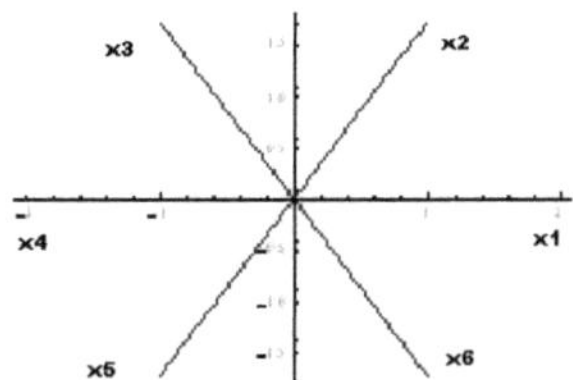

Se adjunta representación gráfica de las 6 raíces y el gráfico de la función:

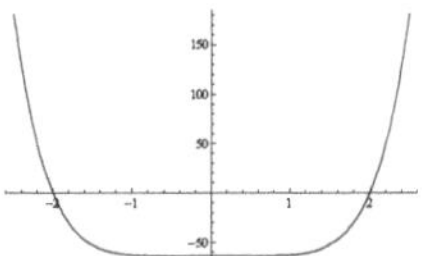

Ahora es posible generalizar las ecuaciones bicuadráticas como caso particular de las trinomias.

(12). Se llama ecuación trinomia a una ecuación de la forma

$$ax^{2n} + bx^n + c = 0 \; con \; a, b, c \in \mathbb{R} \; y \; a \neq 0 \, .$$

Su solución es mediante un cambio de variables $y = x^n$ y de ahí la ecuación cuadrática $ax^2 + bx + c = 0$ y la posterior solución de dos ecuaciones binomias.

(8). Hallar las soluciones de la ecuación $x^{12} - 56x^6 - 512 = 0$.

Haciendo el cambio de variables conveniente se tiene $y = x^6$ y de aquí

$$y^2 - 56y - 512 = 0 \Rightarrow (y - 64)(y + 8) = 0 \Rightarrow \begin{cases} y = 64 \\ \quad o \\ y = -8 \end{cases}$$

sustituyendo en el cambio de variable se tiene $x^6 = 64$ o $x^6 = -8$.

La primera ecuación ya está resuelta.

(22). Resuelva la ecuación $x^6 = -8$ siguiendo el modelo dado. Sus soluciones son:

$$x_1 = 1.41421; \; x_2 = 0.707107 + 1.22474i; x_3 = 0.707107 - 1.22474\,i;$$

$$x_4 = -1.41421; \; x_5 = -0.707107 + 1.22474i; x_3 = -0.707107 - 1.22474\,i;$$

💣(9). Las ecuaciones del tipo $ax^m + bx^n + cx^p = 0$, con $con\ a, b, c \in \mathbb{R}$ y $a \neq 0\ y\ m, n, p \in \mathbb{Z}$ tales que $m > n > p$, cuando cumplen la condición de que "n" es media aritmética entre "m" y "p", es decir, $n = \frac{m+p}{2}$ se reducen a una ecuación cuadrática y tres ecuaciones binomia o a una ecuación binomia y una trinomia.

Carl Friedrich Gauss (1777-1855). Con justicia se le ha llamado "Príncipe de los Matemáticos". A él se debe la revolución matemática del siglo XIX.
En 1789 defendió su tesis titulada "Nueva demostración del teorema que dice que toda función algebraica racional puede descomponerse en factores de primer o segundo grado con coeficientes reales". Realmente era la primera demostración completa del Teorema Fundamental del Algebra, pero Gauss realizó tres demostraciones: En 1815, rehúye los planteamientos geométricos enla primera demostración exclusivamente algebraica. En la de 1816 ya utiliza expresamente los números complejos y la de 1849 con motivo del cincuentenario de su tesis es similar a la primera, pero extiende el campo de variación de los coeficientes a los números complejos.

En efecto, haciendo $q = n - p$ y teniendo en cuenta que $n = \frac{m+p}{2}$ se obtiene:

1. $n = p + q$
2. $2n = m + p \Rightarrow 2p + 2q = m + p \Rightarrow$
$$m = 2q + p$$

Ahora la ecuación se puede escribir de la forma:
$$ax^{2q+p} + bx^{p+q} + cx^p = 0 \Rightarrow x^p(ax^{2q} + bx^q + c) = 0$$

De lo anterior se infiere que:
1. $x^p = 0$, primera ecuación binomia con p raíces repetidas e iguales a cero.
2. $x^{2q} + bx^q + c = 0$, ecuación trinomia con con $2p$ raíces.

🔧(23). Modifique el algoritmo de las ecuaciones trinomias de manera que incluya esta generalización.

🔧(24). Las ecuaciones cúbicas del tipo
$$x^3 + 3px + 2q = 0$$
se transforman en una trinomia mediante el siguiente cambio de variable $x = y - \frac{p}{y}$. Pruebe esta afirmación.

Nota: *Al realizar la transformación podrá observar que la ecuación transformada es de grado mayor que tres, por lo que no todas sus soluciones lo son de la ecuación original, es decir, usted debe filtrar las raíces extrañas.*

Formalizando la teoría necesaria

Hasta el momento se han aplicado reglas y algoritmos para la solución de ecuaciones, con ellas se ha respetado la teoría matemática pero no se ha insistido en esta; ha llegado el momento de formalizar, a un nivel elemental, la teoría que explica lo hecho y que es necesaria para continuar.

(13). *Teorema fundamental del álgebra:* "Toda ecuación en x de grado n tiene n raíces complejas"

Esto significa que todo polinomio en x con coeficientes reales o complejos tiene por lo menos un factor de la forma $x - a$, donde a es un número complejo.

Aunque está relacionado con los polinomios el siguiente teorema es de gran importancia para la teoría de ecuaciones.

(14). *Teorema del residuo:* "Si se tiene un polinomio $P(x)$ y se divide entre $x - a$ el residuo de la división es $P(a)$."

Demostración:

Si se divide $P(x)$ entre $x - a$ se tiene:

$P(x) = Q(x)(x - a) + R$, donde $Q(x)$ es el cociente y R es el residuo.

Si ahora se evalúa $x = a$ se obtiene:

$$P(a) = Q(a)(a - a) + R = 0 + R = R$$

De donde $P(a)$ es el residuo.

☙(15). *Teorema del factor:* "En un polinomio $P(x)$, $x - a$ es un factor si y solo si a es una raíz de la ecuación $P(x) = 0$."

Demostración:

Si $x - a$ es factor de $P(x)$ entonces se cumple que: $P(x) = Q(x)(x - a)$ porque $P(a) = Q(a)(x - a) = 0$ por lo tanto, a es raíz de la ecuación $P(x) = 0$.

Pero si a es la raíz de la ecuación $P(x) = 0$, esto implica que $P(a) = 0$.

Si se aplica el teorema del residuo se tiene que:

$$P(x) = Q(x)(x - a) + P(a) = Q(x)(x - a) + 0 = Q(x)(x - a)$$

por lo tanto $x - a$ es factor de $P(x)$.

De este teorema se infiere el siguiente:

☙(16). *Teorema que permite la descomposición factorial de un polinomio entero.* "Si un polinomio $P(x)$ de grado n se anula para los valores diferentes de la variable $x_1, x_2, x_3, ..., x_h$ $(h \leq n)$, es divisible por el producto $(x - x_1)(x - x_2) ... (x - x_h)$.

☙(17). Si $h = n$ se tiene: $P(x) = (x - x_1)(x - x_2) ... (x - x_n)a_0$.

En el estudio de los métodos de solución de ecuaciones es fundamental el concepto de ecuaciones equivalentes:

☙(18). Dos ecuaciones que se satisfagan para los mismos valores de las incógnitas, es decir, que admitan las mismas raíces, se denominan equivalentes.

Si se observan los métodos utilizados para resolver ecuaciones, todos procuran transformar la ecuación original en otras más sencillas. En ocasiones estas transformaciones conducen a ecuaciones equivalentes, pero en otras no es posible, por lo que en estos casos la transformación debe ser tal que las nuevas ecuaciones contengan al menos todas las raíces de la ecuación original.

Sobre las posibles transformaciones de una ecuación y sus consecuencias tratan los siguientes teoremas y propiedades.

(19). *Teorema:* Sumando (o restando) a los dos miembros de una ecuación $P(x) = Q(x)$ la misma expresión algebraica entera $M(x)$ (en particular una constante) resulta una ecuación equivalente.

Consecuencia inmediata de este teorema es la llamada "transposición de términos de una ecuación".

Observe que el teorema dice "expresión algebraica entera $M(x)$", para el caso de expresiones fraccionarias es posible que se pierdan raíces, ejemplo:
$x^2 + 4 = 5x$ tiene dos soluciones: $x_1 = 1$ y $x_2 = 4$, pero este último número no es solución de la ecuación:

$$x^2 + 4 + \frac{1}{x-4} = 5x + \frac{1}{x-4} \, .$$

(20). *Teorema:* Multiplicando (o dividiendo) los dos miembros de una ecuación $P(x) = Q(x)$ por un mismo número m (diferente de cero) resulta una ecuación equivalente.

Observe que el teorema dice un número m, pero si se multiplica por una expresión algebraica entera $M(x)$, la nueva ecuación no es *en general* equivalente a la original, pero al menos admite todas sus raíces.

Ejemplo: Si la ecuación: $x^2 + 4 = 5x$ se multiplica por $(x - 5)$ se obtiene:
$$-20 + 4x - 5x^2 + x^3 == -25x + 5x^2$$
que tiene por raíces: $x_1 = 1$, $x_2 = 4$ y $x_1 = 1$ y $x_3 = 5$.

❡Si se multiplica por una expresión fraccionaria o se divide por una entera es posible que se pierdan soluciones.

Ejemplo: Si la ecuación $x^2 + 4 = 5x$ se multiplica por $\frac{1}{x-4}$ se obtiene:

$$\frac{4}{-4+x} + \frac{x^2}{-4+x} = \frac{5x}{-4+x}$$

cuya única solución es $x_1 = 1$.

(21). *Teorema:* "Elevando los dos miembros de una ecuación a la misma potencia se obtiene una ecuación que admite, al menos, todas las raíces de la primera."

Ejemplo: La ecuación $\sqrt{x-2} = x - 4$ tiene por solución $x = 6$.

Si se eleva al cuadrado ambos miembros se obtiene la ecuación:

$-2 + x = 16 - 8x + x^2$ que tiene dos soluciones $\{\{x \to 3\}, \{x \to 6\}\}$ y que por supuesto contiene la solución de la ecuación original.

En este caso la ecuación transformada no es equivalente a la ecuación original.
Para determinar cuál de las soluciones de la ecuación transformada es solución de la original es preciso sustituir ambos valores en la primera, así:

$\sqrt{x-2} \, ¿ \, ? \, x - 4$
$\sqrt{3-2} \, ¿ \, ? \, 3 - 4$
$\sqrt{1} \, ¿ \, ? \, -1$
$1 \neq -1$

$\sqrt{x-2} \, ¿ \, ? \, x - 4$
$\sqrt{6-2} \, ¿ \, ? \, 6 - 4$
$\sqrt{4} \, ¿ \, ? \, 2$
$2 = 2$

(22). *Teorema:* "Si se extraen raíces del mismo índice a los dos miembros de una ecuación se obtiene una ecuación que en general contiene menos raíces que la primera".

Ejemplo: Si a ambos miembros de la ecuación binomia $x^6 = 64$ se hubiese extraído raíz sexta a ambos miembros el resultado hubiera sido $x = 2$ con lo que se hubieran perdido 5 soluciones.

Sobre las soluciones de una ecuación estas se clasifican en:

			Positivas
		Racionales	Cero
			Negativas
Clasificación de las raíces	Reales		
			Positivas
		Irracionales	
			Negativas
	Complejas	(Forma a+bi)	

La relación entre las raíces de una ecuación polinomial y los coeficientes de la misma

Teorema de Cardano Vieta:

Si $r_1, r_2, r_3,... r_n$ son las "n" raíces de la ecuación polinomial:

$$P(x) = a_0 x^n + a_1 x^{n-1} + a_2 x^{n-2} + \cdots + a_{n-1} x + a_n = 0;$$

con $a_0 \neq 0$, entonces se cumple:

Suma de raíces:

$$r_1 + r_2 + r_3 \ldots + r_n = -\frac{a_1}{a_0} \quad o \quad \sum r_i = -\frac{a_1}{a_0}$$

Suma de productos binarios de las raíces:

$$r_1 r_2 + r_1 r_3 + r_1 r_4 \ldots r_{n-1} r_n = \frac{a_2}{a_0} \quad o \quad \sum_{i<j} r_i \, r_j = \frac{a_2}{a_0}$$

Suma de productos ternarios de las raíces:

$$r_1 r_2 r_3 + r_1 r_2 r_4 + r_1 r_2 r_4 \ldots r_{n-2} r_{n-1} r_n = -\frac{a_3}{a_0} \quad o$$

$$\sum_{i<j<k} r_i \, r_j \, r_k = -\frac{a_3}{a_0}$$

François Viète (1540-1603) magistrado y hombre de confianza del rey Enrique IV de Francia. Aficionado a la Matemáticas; sus aportes al Algebra hace que se considere el padre del álgebra moderna, pues fue el primero en utilizar letras para simbolizar las incógnitas y constantes en las ecuaciones algebraicas. Usando el sistema de Arquímedes obtuvo un valor de Pi sin error en sus diez primeros decimales, una hazaña en su época. Agregó las fórmulas que expresan el seno y el coseno del múltiplo de un arco en función del seno y del coseno del arco, y recíprocamente, la división de un arco en 3, 5 y 7 partes.

...

...

Producto de las "n" raíces:

$$r_1 r_2 r_3 r_4 r_5 \dots r_n = (-1)^n \frac{a_n}{a_0}.$$

ⓟAl final del epígrafe relacionado con la ecuación cuadrática al tratar "Relación entre los coeficientes de la ecuación cuadrática y sus raíces" se aplicó el teorema de Cardano Vieta.

✖(25). Constate el cumplimiento del teorema de Cardano Vieta en los ejercicios resueltos y planteados como tareas.

Auxiliado de la regla de Ruffini

Los viejos libros de álgebra por donde estudié daban una descripción de esta regla que tiene como finalidad calcular el cociente y el resto de dividir un polinomio $P(x)$ por un binomio $x - k$, pero siempre que lo he explicado planteando un ejemplo con una tabla con un esquema del orden de las operaciones a realizar.

Paolo Ruffini: (1765-1822). Matemático italiano que estableció las bases de la teoría de las transformaciones de ecuaciones, descubrió y formuló la regla del cálculo aproximado de las raíces de las ecuaciones, y su más importante logro inventó lo que se conoce como Regla de Ruffini, que permite hallar los coeficientes del resultado de la división de un polinomio por el binomio (x - k).

✎(10). Dividir el polinomio

P(x)=2x⁴ - 5x³ + x² –x +3

entre (x+2)

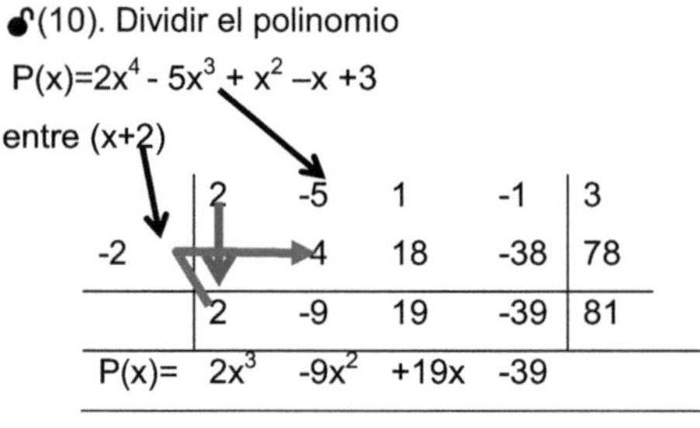

	2	-5	1	-1	3
-2		-4	18	-38	78
	2	-9	19	-39	81

P(x)= 2x³ -9x² +19x -39

43

$\clubsuit$(11). En $\clubsuit$(6) se resolvió la ecuación $x^4 + x^3 - 3x^2 - 4x - 4 = 0$ y entonces se dijo que una alternativa era aplicar la regla de Ruffini que es el esquema anterior, ahora se debe ir al teorema de Cardano Vieta en lo referente al producto de las n raíces, en este caso se tiene:

$$r_1 r_2 r_3 r_4 = (-1)^4 \frac{-4}{1} = -4 \,.$$

Entonces en los divisores de -4 hay alguna raíz de la ecuación. Estos divisores son $\pm 1, \pm 2, \pm 4$ podemos <u>probar</u> con estas posibles soluciones.

		1	1	-3	-4	-4
1			1	2	-1	-5
		1	2	-1	-5	-9
P(x)=	x^3	$2x^2$	-x	-5		

-1 no es solución de la ecuación.

		1	1	-3	-4	-4
2			2	6	6	4
		1	3	3	2	0
P(x)=	x^3	$3x^2$	+3x	+2		

Como 2 anula el polinomio, por el teorema enunciado en $\clubsuit$(15).

$P(x) = (x - 2)(x^3 + 3x^2 + 3x + 2)$ repitiendo el proceso se tiene

		1	3	3	2
-2			-2	-2	-2
		1	1	1	0
P(x) =	x^2	+x	+1		

Como -2 anula el polinomio

$$P(x) = (x - 2)(x + 2)(x^2 + x + 1)$$

En estas condiciones solo queda resolver la ecuación cuadrática final.

$$2 - 15x + 40x^2 - 45x^3 + 18x^4$$

Más laborioso es la búsqueda de las soluciones racionales o fraccionarias.

♠(12). Sea la ecuación $18x^4 - 45x^3 + 40x^2 - 15x + 2 = 0$

Dividiendo por el coeficiente del término de mayor grado se tiene

$$x^4 - \frac{5}{2}x^3 + \frac{20}{9}x^2 - \frac{5}{6}x + \frac{1}{9} = 0$$

Ahora las posibles soluciones se encuentran en los factores del numerador y el denominador y combinar ambos con esta concepción se tiene: $\mp 1; \mp \frac{1}{3}; \mp \frac{1}{9}$.

	1	-5/2	20/9	-5/6	1/9
1		1	-3/2	13/18	-1/9
	1	-3/2	13/18	-1/9	0
P(x)=	x³	-3/2x²	13/18x	-1/9	

	1	-3/2	13/18	-1/9
1/3		1/3	-7/18	1/9
	1	-7/6	1/3	0
P(x)=	x²	-7/6x	1/3	

Ya que nuestra ecuación de segundo grado $(x - 1)\left(x - \frac{1}{3}\right)(6x^2 - 7x + 2) = 0$

✖(26). Complete la solución de la ecuación.

✖(27). Encuentre el conjunto solución de las siguientes ecuaciones:

a) $6 + x + 108x^4 = 3x^2(22 + 3x)$

b) $6 + 54x^2 + 9x^3 + 24x^5 = 35x + 62x^4$

c) $41x + 45x^3 + 71x^4 + 24x^6 = 6 + 89x^2 + 86x^5$

d) $x(5a^3 + 5a^2x + x^3) = 6a^4 + 5ax^3$

Ecuaciones fraccionarias en una variable

(23). Las ecuaciones fraccionarias en una variable son aquellas en las que aparecen fracciones algebraicas o dicho de otro modo, cuando alguno de sus términos o todos tienen denominadores.

(13). Determinar el conjunto solución de la ecuación $\frac{x+2}{x} + \frac{x-1}{x-2} = \frac{x^2-2}{x^2-2x}$

Método de solución	Ejemplo
Simplificar si es posible cada fracción y descomponer en factores los numeradores y denominadores de las fracciones algebraicas	$$\frac{x+2}{x} + \frac{x-1}{x-2} = \frac{x^2-2}{x(x-2)}$$
Determinar el dominio de la función que define la ecuación.	Dominio: $\{x \in \mathbb{R} : x \neq 0 \ y \ x \neq 2\}$
Calcular el mínimo común múltiplo (m.c.m.) de los denominadores o denominador común	$x(x-2)$
Eliminar los denominadores multiplicando ambos miembros de la ecuación por el m.c.m. ¡Ahora es posible que se introduzcan soluciones extrañas!	$(x+2)(x-2) + x(x-1) = x^2 - 2$
Efectuar los productos indicados, reducir términos semejantes y ordenar la ecuación.	$x^2 - 4 + x^2 - x = x^2 - 2$ $x^2 - x - 2 = 0$
Resolver la ecuación obtenida	$\{\{x \to 2\}, \{x \to -1\}\}$
Comprobar si las soluciones pertenecen al dominio de la ecuación original comparando con el dominio de definición o mediante la comprobación	La solución $x = 2$ no pertenece al dominio de definición, por lo que la ecuación tiene una sola solución: $x = -1$.

(28). Compruebe en la ecuación original si $x = -1$ es o no solución de la ecuación planteada.

En el gráfico adjunto se han representado las funciones $f(x) = \frac{x+2}{x} + \frac{x-1}{x-2} - \frac{x^2-2}{x(x-2)}$ y

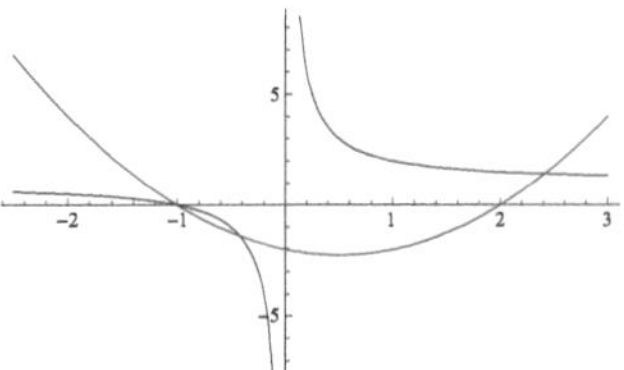

$g(x) = x^2 - x - 2$. La primera se corresponde con la ecuación original, la segunda con la ecuación transformada. Observe que $f(x)$ sólo corta al eje de las abscisas en $x = -1$, mientras g(x) la corta en $x = -1$ y $x = 2$. Con esto se ilustra lo expresado respecto a que al "eliminar denominadores" en una ecuación se obtiene una nueva ecuación que en general no es equivalente a la ecuación original, pero conserva sus soluciones.

✖(29). 📖(1990-1991) Resolver la ecuación

$$\frac{x^2 + 5x}{x^2 + x - 12} + \frac{x}{x - 3} = 1 \, .$$

✖(30). Resuelve la ecuación

$$x^3 + \frac{1}{x + 2} = x + \frac{6x + 13}{x + 2} \, .$$

✖(31). Resuelve la siguiente ecuación

$$x + \frac{1}{x - 3} = \frac{3x - 8}{x - 3} \, .$$

Los métodos de resolución de ecuaciones son particularmente útiles en el despeje de fórmulas, un ejemplo puede ser:

🎵(13). En la fórmula $I = \frac{E}{R+r}$ despejar r.

Dominio: $R, r \in \mathbb{R}: R \neq -r$.

Multiplicando por $R + r$ se tiene: $(R + r)I = E \Leftrightarrow RI + rI = E \Leftrightarrow rI = E - RI$
Dividiendo por $I \neq 0$, obtenemos

$$r = \frac{E - RI}{I} \, .$$

✖(32). En la fórmula

$$\frac{a}{b} = \frac{b - c}{a + c} \, ,$$

despeje c, despeje a, despeje b.

✖(33). La fórmula $\frac{1}{R} = \frac{1}{R_1} + \frac{1}{R_2}$, es la inversa de la resistencia R equivalente a dos resistencias $R_1 + R_2$ conectadas en paralelo. Despeje R y R_2.

Inecuaciones fraccionarias

La metodología de solución que se propondrá, tiene algunas diferencias con la utilizada, por eso se expondrá a partir del ejemplo resuelto.

♪(14). Resolver la inecuación

$$1 + \frac{1}{x-4} \geq \frac{3}{x^2 - 7x + 12} + \frac{1}{x-3}$$

Método de solución	Ejemplo
Expresar la inecuación en la forma E(x)≤0 , E(x)≥0, E(x)<0, E(x)>0	$1 + \dfrac{1}{x-4} - \dfrac{3}{x^2 - 7x + 12} - \dfrac{1}{x-3} \geq 0$
Determinar el dominio de la función que define la inecuación.	Dominio: $\{x \in \mathbb{R} : x \neq 4 \ y \ x \neq 3\}$
Simplificar la expresión hasta expresarla en la forma $E(x) = \frac{P(x)}{Q(x)}$	$\dfrac{(x-3)(x-4) + (x-3) - 3 - (x-4)}{(x-3)(x-4)} \geq 0$
Efectuar los productos indicados, reducir términos semejantes y descomponer en factores las expresiones $P(x)$ y $Q(x)$.	$\dfrac{(x-2)(x-5)}{(x-3)(x-4)} \geq 0$
Determinar ceros del numerador	$x = 2 \ ; \ x = 5$
Determinar ceros del denominador	$x = 3 \ ; \ x = 4$
Construir tabla análoga a la adjunta para analizar comportamiento de los signos	

	$-\infty$	2	3	4	5	$+\infty$	
$x-2$		-	+	+	+	+	Signo de
$x-3$		-	-	+	+	+	cada factor
$x-4$		-	-	-	+	+	por intervalo
$x-5$		-	-	-	-	+	
$E(x)$		+	-	+	-	+	Signo de $E(x)$ por intervalo

Se han coloreado en rojo los valores 3 y 4 para destacarlos porque ellos corresponden a los valores no admisibles. En estos puntos los intervalos son abiertos porque marcan los puntos de discontinuidad de la función.

El conjunto solución es:

$$S = \ ]{-\infty}; 2] \cup \ ]3; 4[\cup [5; +\infty[\ .$$

Al valorar las posibilidades del estudio de las inecuaciones para un análisis a priori

de las funciones se mostró cómo es posible hacer un esbozo del gráfico a partir del signo de la función en cada intervalo, esto se transfiere a las inecuaciones fraccionarias y aunque se adjunta el gráfico de la función racional estudiada es conveniente que desarrolle la siguiente tarea.

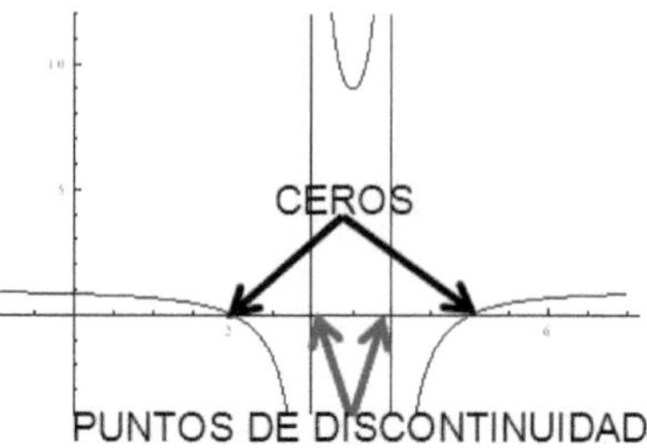

�(34). A partir del comportamiento de los signos de la función

$$f(x) = 1 + \frac{1}{x-4} - \frac{3}{x^2 - 7x + 12} - \frac{1}{x-3}$$

que se acaba de estudiar, haga un esbozo del gráfico y constátelo con el gráfico real.

☞Las inecuaciones están generalmente asociadas a distintos problemas relacionados con el estudio de las funciones.

✖(35). ☗(1987-1988) Dada la función definida por $p(x) = \frac{9x^2 + 4}{4x^2 - 9}$.

a) Determina su dominio.

b) Determina para qué valores de x los puntos correspondientes al gráfico de "p" están por debajo del eje "X".

✖(36). ☗(1987-1988) Sea $f(x) = \frac{x^2 - 4}{4x^2 + 1}$

a) Determine los ceros de f.

b) Diga si existe algún $x \in \mathbb{R}$ tal que $f(x) \geq \frac{1}{4}$.

✖(37). ☗(1991-1992) Sea $A(x) = \frac{x^3 - 3x^2 + 4}{x^2 - 4}$. Determina el conjunto de números reales no negativos para los cuales $A(x) \leq 0$.

(38). (1994-1995) Sean: $A=\frac{x^3-x^2+x-1}{x+8}$ y $B=\frac{1}{x^4-1}$. Halla el mayor número entero negativo x para el cual se cumple $A\cdot \mathrm{B}\leq 0$.

(39). (1994-1995) Dada la función. $f(x)=\frac{x^3+5x^2+8x+4}{x^2-4}$ determina los valores los valores reales de x para los cuales se cumple que $f(x)\geq 0$.

(40). (1998-1999) Resuelve la inecuación

$$\frac{x}{x-5}-\frac{1}{x-4}\leq\frac{x}{x^2-9x+20}\ .$$

(41) . (2003-2004) Sean las expresiones

$$A=\frac{m^3+4m^2-5m}{m^3+125}\quad y\quad B=\frac{3-3m^2}{m^3-4m^2+20m+25}\ .$$

a) Prueba que para todos los valores admisibles de la variable se cumple que

$$\frac{A}{B}=-\frac{m}{3}$$

b) Halla todos los valores reales de la variable m para los cuales se cumple que:

$$\frac{A}{B}\geq m^2+\frac{4}{3}m-\frac{2}{3}.$$

(42). (2004-2005) Sean la función real f dada por la ecuación

$$f(x)=\sqrt{\frac{x^2+3x-15}{x+5}+3}\ ,$$

determina el dominio de f.

(43). Sean

$$f(x)=\frac{x^3+4x^2}{x+5}+4\quad y\quad g(x)=\frac{20}{x+5}.$$

Halla para cuáles $x\in\mathbb{R}$ los puntos de la función $f(x)$ se encuentran, en la representación gráfica, por encima o tocan los puntos de $g(x)$.

Ecuaciones irracionales

☙(24). Reciben el nombre de ecuaciones irracionales las que contienen una incógnita (o bien una expresión racional algebraica de la incógnita) bajo un signo radical.

Ejemplos: $\sqrt{x^2 + 4x - 5} = x - 3\sqrt{x^2 - 4}$; $\sqrt{x^2 + 4x - 5} = x - 2$; $\sqrt[5]{x - 3} = 4$

En ☙(21). se habló de la transformación de este tipo de ecuaciones, en realidad no hay un algoritmo preciso para ellas pero el procedimiento utilizado es análogo al utilizado con la ecuaciones racionales; en aquellas se transforma la ecuación racional en una entera para darle solución y después desechar las raíces extrañas, en estas el método consiste en transformar la ecuación irracional en una racinal para una vez resuelta desechar las raíces extrañas.

El procedimiento más simple de hacer esta transformación es el de "liberar mediante la elevación sucesiva de ambos miembros de la ecuación a la potencia natural que convenga según el índice del radical que aparezca en la ecuación. Una regla puede ayudar en este proceso, porque si se ambos miembros de la ecuación se elevan a una potencia impar, se obtiene una ecuación equivalente a la inicial y por tanto no hay que desechar soluciones, pero si se eleva a una potencia par **generalmente** la nueva ecuación no es equivalente a la original.

♦(15). Resolver la ecuación $\sqrt{\dfrac{10-7x+x^2}{12-7x+x^2}} = \dfrac{\sqrt{35}}{6}$

$$\sqrt{\frac{10 - 7x + x^2}{12 - 7x + x^2}} = \frac{\sqrt{35}}{6} \Longrightarrow \left(\sqrt{\frac{10 - 7x + x^2}{12 - 7x + x^2}}\right)^2 = \left(\frac{\sqrt{35}}{6}\right)^2 \Longrightarrow \frac{10 - 7x + x^2}{12 - 7x + x^2} = \frac{35}{36}$$

$$(10 - 7x + x^2)36 = (12 - 7x + x^2)35 \Longrightarrow 360 - 252x + 36x^2 = 420 - 245x + 35x^2$$

$$x^2 - 7x - 60 = 0 \Longrightarrow x_1 = -5 \text{ ó } x_2 = 12$$

Comprobando las raíces encontradas:

$$\sqrt{\frac{10-7(2)+(2)^2}{12-7(2)+(2)^2}} = 0 \qquad \sqrt{\frac{10-7(2)+(2)^2}{12-7(2)+(2)^2}} = 0$$

Ambas raíces satisfacen la ecuación original. Se adjunta gráfico de la función.

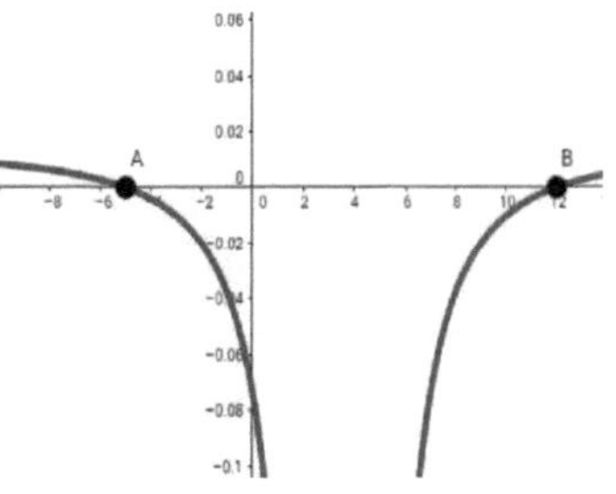

Cuando un cambio de variable resuelve el problema.

Durante mucho tiempo los matemáticos han creado diversos algoritmos para resolver ecuaciones, tantos que es casi imposible darlos todos en un curso. En este libro se ha tratado de teorizar poco, proponer esquemas y algoritmos "relativamente cómodos", ilustrar con gráficos pero hay una vía que corresponde más al pensamiento lateral, definido este como el pensamiento que no recorre los caminos trillados y que tiende a buscar varias vías de solución, este es el caso del cambio de variables que se ha utilizado anteriormente pero que ahora se enfatiza.

Aunque el método obedece a ciertas reglas como son:

1. Agrupar convenientemente los términos.
2. Determinar elementos comunes en tal agrupamiento.
3. Asignar una variable a uno de estos agrupamientos.
4. Sustituir en la ecuación esa variable para obtener una ecuación más sencilla.
5. Resolver la ecuación.
6. Sustituir los valores obtenidos en el cambio de variable y resolver las nuevas ecuaciones.
7. Etc., etc., quizás algún otro paso.

Pero…en ese "agrupamiento a conveniencia" puede suceder que dos o más personas hagan diferentes agrupamientos o que una "vea" el posible agrupamiento que otra ni siquiera comprenda después de explicado, porque en ello se aplican más artificios matemáticos y pensamiento lateral que algoritmos matemáticos, se mostrarán algunos ejemplos.

♪(16). Hallar el conjunto solución de la ecuación $2x^2 - 6x + \sqrt{x^2 - 3x + 6} = 24$

Si en esta ecuación se sigue la regla dada se haría una racionalización y producto de ella se obtendría una ecuación de cuarto grado, pero " transformando y agrupando convenientemente" se obtiene el siguiente resultado.

$$2x^2 - 6x - 24 + \sqrt{x^2 - 3x + 6} = 0 \Longrightarrow 2(x^2 - 3x + 6) - 12 - 24 + \sqrt{x^2 - 3x + 6} = 0 .$$

Se ha escrito en rojo "la clave del artificio" que con frecuencia se puede utilizar, sumar y restar una constante, en este caso 12 para obtener fuera del radical una expresión igual a la expresión que se encuentra afectada por el radical. De aquí el cambio de variables y la transformación es inmediata.

$$2(x^2 - 3x + 6) - 36 + \sqrt{x^2 - 3x + 6} = 0 \; ; \; y = \sqrt{x^2 - 3x + 6}; \; y^2 = x^2 - 3x + 6$$

Se plantea una ecuación de segundo grado en y:

$$2y^2 + y - 36 = 0 \Longrightarrow y_1 = 4 \;\; ó \;\; y_2 = -\frac{9}{2}.$$

🔧 (44). Continúe el lector, sustituyendo el primer valor se tiene $x^2 - 3x + 6 = 16$. Compruebe si las soluciones obtenidas son soluciones de la ecuación original. En cuanto al valor negativo se desecha esa solución, en teoría de ecuaciones con radicales, para evitar ambigüedades se toma solo el valor principal de la raíz, a menos que se quieran considerar los dos valores y en ese caso en forma explícita se plantea $\pm\sqrt{}$.

♪(17). Hallar el conjunto solución de la ecuación $(3 - x)\sqrt[3]{\dfrac{3-x}{x-1}} + (x - 1)\sqrt[3]{\dfrac{x-1}{3-x}} = 2$

El dominio de esta ecuación es

$$D = \{x \in \mathbb{R}: x \neq 1 \ \wedge \ x \neq 3\}.$$

Aquí el cambio está relacionado con otro artificio:

$$\frac{x-1}{3-x} = \frac{1}{\frac{3-x}{x-1}} \ .$$

✋ "La unidad dividida una fracción da como resultado la fracción invertida".

El cambio es por tanto $y = \sqrt[3]{\dfrac{3-x}{x-1}}$ sustituyendo se tiene:

$$(3-x)y + (x-1)\frac{1}{y} = 2 \implies (3-x)y^2 - 2y + (x-1) = 0$$

Ecuación cuadrática respecto a y, la que tiene como soluciones:

$$\Delta = (-2)^2 - 4(3-x)(x-1)\Delta = 4 + 4x^2 - 16x + 12\Delta = 4(x^2 - 8x + 4)$$

$$\Delta = 4(x-2)^2; \ x_1 = \frac{2+2(x-2)}{2(3-x)} = \frac{x-1}{3-x}; \ x_2 = \frac{2-2(x-2)}{2(3-x)} = 1$$

Sustituyendo: $\sqrt[3]{\dfrac{3-x}{x-1}} = 1 \implies \dfrac{3-x}{x-1} = 1 \implies 3 - x = x - 1 \implies x = 1$

$$\sqrt[3]{\frac{3-x}{x-1}} = \frac{x-1}{3-x} \implies \frac{3-x}{x-1} = \left(\frac{x-1}{3-x}\right)^3 \implies x = 1$$

Quizás usted ha quedado estupefacto por tanto cálculo para tan poco resultado, por si lo duda, le adjuntamos el gráfico.

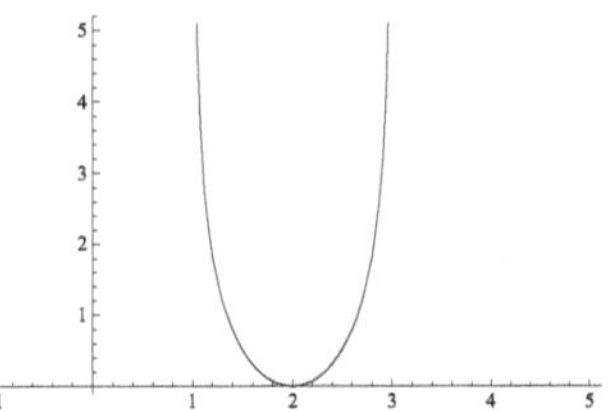

🔑(18). Resolver la ecuación

$$a\sqrt[4]{1+x} + \frac{a}{x}\sqrt[4]{1+x} = \sqrt[4]{x}.$$

Solución: El dominio son los x reales tales que $x > 0$.

Una posible transformación es:

$a\sqrt[4]{1+x} + \dfrac{a}{x}\sqrt[4]{1+x} = \sqrt[4]{x} \Leftrightarrow a\sqrt[4]{1+x}\left(1 + \dfrac{1}{x}\right) = \sqrt[4]{x}$. Factor común $a\sqrt[4]{1+x}$

$a\sqrt[4]{1+x}\left(1 + \dfrac{1}{x}\right) = \sqrt[4]{x} \Leftrightarrow a\sqrt[4]{1 + \dfrac{1}{x}}\left(1 + \dfrac{1}{x}\right) = 1$. Dividiendo por $\sqrt[4]{x}$

$$a\sqrt[4]{1+\frac{1}{x}}\left(1+\frac{1}{x}\right)=1 \Leftrightarrow a\left(1+\frac{1}{x}\right)^{\frac{1}{4}}\left(1+\frac{1}{x}\right)=1 \Leftrightarrow a\left(1+\frac{1}{x}\right)^{\frac{5}{4}}=1$$

Desarrollando una diferenciación de caso dado el parámetro a:

Para $a=0$: La ecuación no tiene solución.

Para $a\neq 0$: $\left(1+\frac{1}{x}\right)^{\frac{5}{4}}=\frac{1}{a}$

Para $a<0$: No hay solución. Recuérdese que el dominio son x>0 y para cualquier valor de ese dominio el primer miembro es positivo.

Para $a>0$: Elevando ambos miembros a $\frac{4}{5}$ se tiene:

$$1+\frac{1}{x}=\frac{1}{\sqrt[5]{a^4}} \Leftrightarrow \frac{1}{x}=\frac{1}{\sqrt[5]{a^4}}-1 \Leftrightarrow \frac{1}{x}=\frac{1-\sqrt[5]{a^4}}{\sqrt[5]{a^4}} \Leftrightarrow x=\frac{\sqrt[5]{a^4}}{1-\sqrt[5]{a^4}}=\frac{1}{\sqrt[5]{\frac{1}{a^4}}-1}$$

La expresión final tiene sentido para $a<1$. Por lo tanto para cualquier valor real a tal que $0<a<1$ la ecuación tiene por solución $x=\frac{1}{\sqrt[5]{\frac{1}{a^4}}-1}$.

(45). Hallar todas las raíces reales de la siguiente ecuación:

$$6-5x+x^2=\sqrt{2}\sqrt{-12+x+x^2}\ .$$

(46). (1987-1988) Resuelve la ecuación: $\sqrt{2x-3}-\sqrt{x+2}+1=0$.

(47). (1988-1989) Resuelve la ecuación: $\sqrt{2x+5}-\sqrt{2x}=\sqrt{2x-3}$.

(48). (1989-1990) Halla el conjunto solución de la ecuación

$$\sqrt{2x+\sqrt{6x^2+1}}=x+1\ .$$

(49). (1990-1991) Sean las funciones: $f(x)=\sqrt{3x^2-13x+4}$ y $h(x)=x-4$.

a) Determina el dominio de f.

b) Calcula las coordenadas de los puntos de intersección de los lados gráficos de las funciones f y h.

✖ (50). ☙ (1993-1994) Sea: $f(x) = \sqrt{x+1}$.

Halla todos los valores de t para los que se cumple $f(2t) - f(t-1) = f(t-4)$.

✖ (51). ☙ (1996-1997) Si la función definida por $f(x) = \frac{1}{2}x + 5$; halle los valores

de x para los cuales se cumple: $f(x) = \sqrt{2f(x) - 1}$.

✖ (52). ☙(1996-1997) Resuelve:

$$\sqrt{x+1} + \frac{13}{\sqrt{x+1}} = 6 \qquad\qquad (x > -1).$$

✖ (53) ☙(1997-1998) Resuelve la ecuación: $\sqrt{\sqrt{12x} + x} = 3$.

✖ (54). ☙(1999-2000) Sean las funciones f y g :

$$f(x) = \frac{(x-1)\sqrt{x+3} + 2x + 1}{x+2} \quad y \quad g(x) = x$$

a) Halla el dominio de la función f.

b) Encuentra los valores reales de x para los cuales se cumple la ecuación

   $f(x) = g(x)$.

✖ (55). ☙(2000-2001) Dadas las funciones f y g definidas por $f(x) = \sqrt{6 - 4x}$ y

$g(x) = \sqrt{x^3 - 3x^2 + x + 3}$.

a) Halla el dominio de la función f.

b) Determina los valores reales de x tales que $f(x) - g(x) = 0$.

✖ (56). Hallar el conjunto solución de las siguientes ecuaciones donde un cambio

de variable puede ayudar a encontrarlo:

a) $3x^2 + \sqrt{x^2 + 5x + 2} = 46 - 15x$

b) $x^{\frac{4}{3}} + 5\sqrt[3]{x^2} = 126$

c) $(x-1)(x-2)(x-3)(x-4) = 24$

♀ (7). Resuelva las siguientes ecuaciones:

   a) $\dfrac{(x+1)(x^2-1)}{(x-1)(x^2+1)} = k$

   b) $x^4 - px + q = x^2(2x - p - 1)$

Sugerencias:

> _Pruebe primero que la ecuación se corresponde con una ecuación recípro-_
> _ca de cuarto grado con coeficientes (k-1) y (k+1), después aplique el méto-_
> _do de solución de este tipo de ecuaciones._
>
> _Haga un arreglo de los términos de tal forma que pueda hacer el siguiente_
> _cambio de variable $y = x(x - 1)$._

Cuando una descomposición en factores resuelve el problema

Como en los casos anteriores no hay reglas para este método pero realmente cuando "se entrena la vista" es posible aplicarlo con relativa facilidad.

♪(19). Resolver la ecuación $2x^4 - 5x^3 - 11x^2 + 20x + 12 = 0$

Para encontrar las soluciones $\left\{\{x \to -2\}, \left\{x \to -\frac{1}{2}\right\}, \{x \to 2\}, \{x \to 3\}\right\}$ de esta ecuación es posible aplicar la regla de Ruffini. Pero ¿Cuántos intentos fallidos podemos tener? . Todo eso se puede evitar si el término medio se descompone fácilmente si se percata de que $-11x^2 = -3x^2 - 8x^2$ Lo que sigue es agrupar convenientemente hasta llegar a $(2x^2 - 5x - 3)(x^2 - 4) = 0$

✖ (57). Transforme la ecuación hasta llegar a esta descomposición y finalice el proceso de la ecuación.

♪(20). Resolver la ecuación $\sqrt{20 + 19x + 3x^2} - \sqrt{-15 + 2x + x^2} = x + 5$

$$\sqrt{(x + 5)(3x + 4)} - \sqrt{(x + 5)(x - 3)} - (x + 5) = 0$$

$$\sqrt{(x + 5)}\left(\sqrt{(3x + 4)} - \sqrt{(x - 3)} - \sqrt{(x + 5)}\right) = 0$$

$$\sqrt{(x + 5)} = 0; \sqrt{(3x + 4)} - \sqrt{(x - 3)} - \sqrt{(x + 5)} = 0$$

🛠 (58). El lector puede continuar.

☛(21). Resolver la ecuación $\sqrt{x^2-5x+3}+\sqrt{x^2-5x-2}=5$

Para que "desarrolle su visión algebraica" observe que realizando una elemental operación matemática con las expresiones subradicales podrá obtener un importante número de la ecuación que se pretende resolver, por tanto ese número se podrá descomponer en función de las dos expresiones subradicales; hecho esto la descomposición y conclusión del ejercicio es evidente.

🛠 (59). Concluya el ejercicio.

🛠 (60). Resuelva las siguientes ecuaciones:

a) $x^4+6x^3+13x^2+12x+4=0$

b) $x^4-x^3-8x^2+8=0$

c) $\sqrt{1-6x+5x^2}-\sqrt{-3+2x+x^2}=x-1$

d) $\sqrt{x^2+7x+7}+\sqrt{x^2+7x-9}=8$

e) 🏅 (8). Resuelva la siguiente ecuación:

$$x^4+2(m-1)x^3-(5m-1)x^2+2(m^2+1)x-m=0\ .$$

Inecuaciones irracionales

🔹(25). Reciben el nombre de inecuaciones irracionales las que contienen una incógnita (o bien una expresión racional algebraica de la incógnita) bajo un signo radical.

Para hallar el conjunto solución de estas inecuaciones, generalmente se hace necesario elevar ambos miembros de la inecuación a un exponente natural con el propósito de simplificar los radicales, en esto se parece al proceso de solución de las ecuaciones irracionales, pero el proceso es mucho más complejo, por eso no es frecuente que se trate en los textos ni en los curso de nivel medio y raras veces aparecen en los exámenes de ese nivel.

🔹Cuando se elevan ambos miembros de una ecuación irracional a una potencia natural no es de gran preocupación si se obtiene o no una ecuación equivalente porque al ser el número de raíces un número finito, podemos elegir en el conjunto solución obtenido las que sean solución de la ecuación original, al sustituir sus valores en la referida ecuación, pero el conjunto solución de las inecuaciones por regla general es un conjunto infinito y por lo tanto no es posible aplicar este procedimiento,

🔹 Para la solución de las inecuaciones irracionales es necesario tener en cuenta que cuando se elevan ambos miembros de la inecuación a **una potencia impar se obtiene una inecuación equivalente a la original,** pero si se elevan ambos miembros de la inecuación a **una potencia par se obtiene una inecuación equivalente a la original que tiene el mismo sentido de la desigualdad <u>sólo en el caso en que ambos miembros de la inecuación original no son negativos</u>**

✍(22). Hallar el conjunto solución de la siguiente inecuación:

$$\sqrt{x-5} - \sqrt{9-x} > 1$$

a) Determinar el dominio de la inecuación, esto es fundamental para tener siempre presente en qué conjunto debe encontrarse la solución de la inecuación:

   En este caso el primer radical exige que $x \geq 5$ y el segundo exige que $x \leq 9$. Es decir $Dom: x \in [5; 9]$.

   $$\sqrt{x-5} - \sqrt{9-x} > 1 \Leftrightarrow \sqrt{x-5} > 1 + \sqrt{9-x}$$

b) Los dos miembros de esta inecuación no son negativos.

   Ⓟ Justifique esta afirmación.

   Como se deben elevar ambos miembros a una potencia par, lo anterior justifica que se va obtener una inecuación equivalente con el mismo sentido de la desigualdad.

c) $x - 5 > 1 + 2\sqrt{9-x} + (9-x) \Leftrightarrow 2x - 15 > 2\sqrt{9-x}$

d) Ahora hay que realizar un análisis más detallado, porque $2x - 15$ puede ser positivo o negativo.

   ✓ Si $2x - 15 \leq 0 \Leftrightarrow x \leq \frac{15}{2}$ el primer miembro de la desigualdad es negativo o igual a cero y el segundo miembro es no negativo. Por eso, para ningún $x \in \left[5; \frac{15}{2}\right]$ se satisface la desigualdad original.

   ✓ Si $2x - 15 > 0 \Leftrightarrow x > \frac{15}{2}$, entonces ambos miembros de la desigualdad son no negativos y después de elevarlos al cuadrado se obtiene una inecuación equivalente a la desigualdad original.

   $$(2x - 15)^2 > 4(9-x) \Leftrightarrow 4x^2 - 60x + 225 > 36 - 4x$$

   $$4x^2 - 56x + 189 > 0$$

   Ya se cayó en una expresión cuadrática cuyos ceros son

   $$\left\{\left\{x \to \frac{1}{2}(14 - \sqrt{7})\right\}, \left\{x \to \frac{1}{2}(14 + \sqrt{7})\right\}\right\}$$

   $$\{\{x = 5{,}67712\}, \quad \{x = 8{,}32288\}\}$$

Solución: $S = \{x \in \mathbb{R}: x < 5{,}67712 \quad o \quad x > 8{,}32288\}$

e) Se debe retornar al dominio de la inecuación y las condición $\left(x > \frac{15}{2}\right)$ bajo las cuales se obtuvo la inecuación $4x^2 - 56x + 189 > 0$

Para precisar la solución, en este caso es conveniente presentar en un gráfico el intervalo dominio la condición de la última transformación y las soluciones de la inecuación final, aunque se adjunta un gráfico con todos sus requerimientos, se puede llegar al mismo resultado con un esbozo como el que se ha mostrado en epígrafes anteriores.

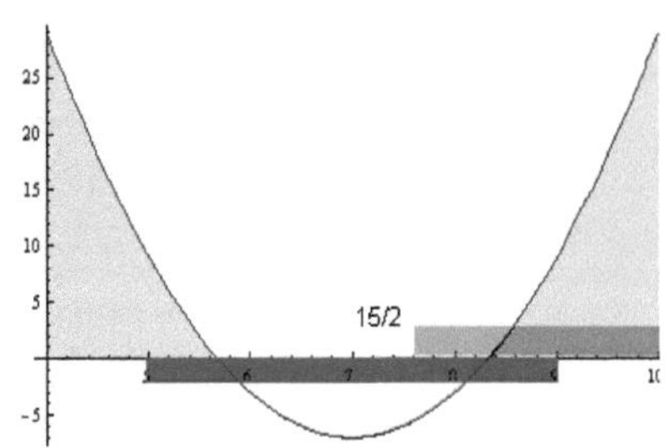

f) **Solución:** $S = \{x \in \mathbb{R}: 8{,}32288 < x \leq 9\}$, o sea, $]8{,}32288\,;\,9]$.

Un segundo ejemplo es necesario.

✍(23). Hallar el conjunto solución de la siguiente inecuación:

$$\sqrt{5 - x} \leq 1 + \sqrt{4 - 3x}$$

a) Determinar el dominio de definición de la inecuación:

Dom: $x \in \mathbb{R}: x \leq \frac{4}{3};\ x \in \left[-\infty\,;\,\frac{4}{3}\right]$

En este dominio ambos miembros de la inecuación son no negativos

Ⓟ Verifique que este es el dominio de definición de la inecuación y que la afirmación hecha es cierta.

b) Elevando al cuadrado bajo las condiciones analizadas se tiene:

$$5 - x \leq 1 + 2\sqrt{4 - 3x} + 4 - 3x \Leftrightarrow x \leq \sqrt{4 - 3x}$$

c) Ahora el primer miembro de la inecuación puede ser positivo o negativo, eso conduce a una diferenciación de casos:

✓ Si $x < 0$ la inecuación $x \le \sqrt{4 - 3x}$ se satisface para todos los valores, es decir las soluciones en el intervalo $]-\infty; 0[$ están en el dominio determinado.

✓ Si $0 \le x \le \frac{4}{3}$, entonces ambos miembros de la inecuación son no negativos y al elevar al cuadrado se obtiene una inecuación equivalente $x^2 \le 4 - 3x \Leftrightarrow x^2 - 4 + 3x < 0$ cuya solución es:

$$-4 \le x \le 1; x \in [-4\,;1]\,.$$

Ⓟ No se confíe en lo que está escrito y compruebe esta solución.

d) Uniendo las soluciones de los dos caso se llega como solución general a:
$S =\,]-\infty\,;1]\,.$

Ⓟ Compruebe que no hay errores en esta solución.

🔥Ⓟ¿Qué solución se hubiera obtenido de no haber hecho una diferenciación de casos y mecánicamente se hubiera elevado al cuadrado? ¿se hubiera obtenido la misma solución?, se hubieran perdido soluciones? ¿se hubieran dado soluciones extrañas?

En el gráfico adjunto se pueden observar las gráficas de las dos funciones

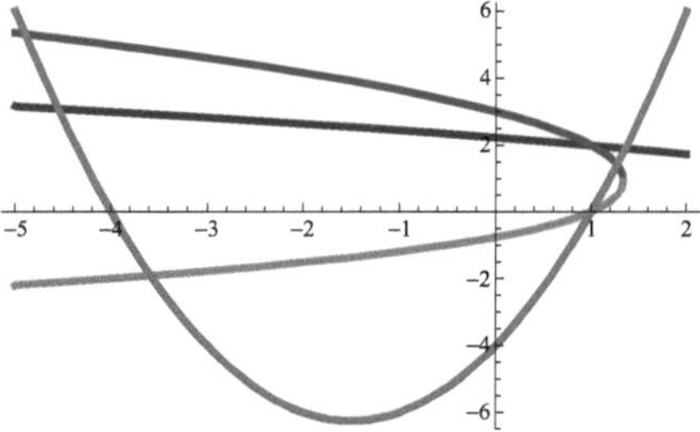

$f(x) = \sqrt{5 - x}$ y $g(x) = 1 + \sqrt{4 - 3x}$ que definen la inecuación y el comportamiento de una sobre la otra como lo expresa la inecuación; también se muestra la función $h(x) = \sqrt{5 - x} - 1 - \sqrt{4 - 3x}$ que es una transformación de las funciones originales y finalmente se muestra el gráfico de la función $h(x) = x^2 - 4 + 3x$ que es el resultado de las sucesivas transformaciones de la inecuación original para encontrar la solución final.

Ⓟ Después de esta explicación del gráfico, compare el conjunto solución de la inecuación y el proceso seguido con lo que ilustra en el gráfico.

(61) Hallar las raíces reales de las siguientes inecuaciones irracionales.

a) $\sqrt{x^2-4} \geq \sqrt{2x+4}$

b) $x+1 \geq \sqrt{x+3}$

c) $x \leq \sqrt{2-x}$

d) $\sqrt{(x-3)(2-x)} > \sqrt{x^2+12x+11}$

Precise bien el dominio y téngalo presente al dar la respuesta final. No se precipite.

e) $\sqrt{x^2+3x+2} < 1+\sqrt{x^2-x+1}$

El gráfico adjunto se corresponde con la inecuación del inciso e).

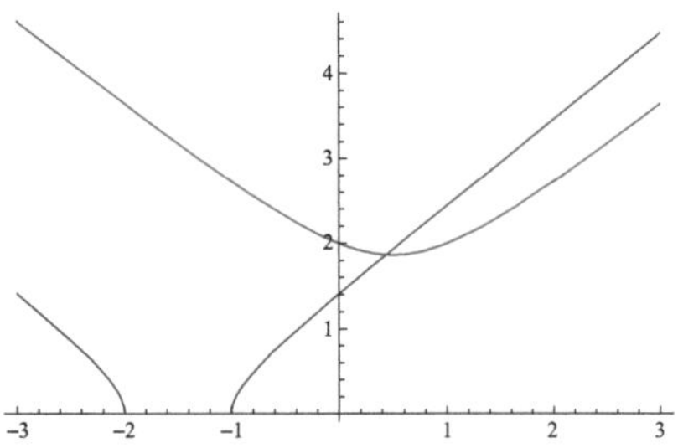

f) $\sqrt{1-x} \leq \sqrt[4]{5+x}$

g) $\sqrt{3-x}-\sqrt{x+1} > \frac{1}{2}$

h) $\sqrt{x-5}-\sqrt{9-x} \geq 1$

i) $-9\sqrt[4]{x}+\sqrt{x}+18 \geq 0$

j) $\sqrt{2-\sqrt{3+x}} < \sqrt{4+x}$

El segundo gráfico adjunto se corresponde con la inecuación del inciso j).

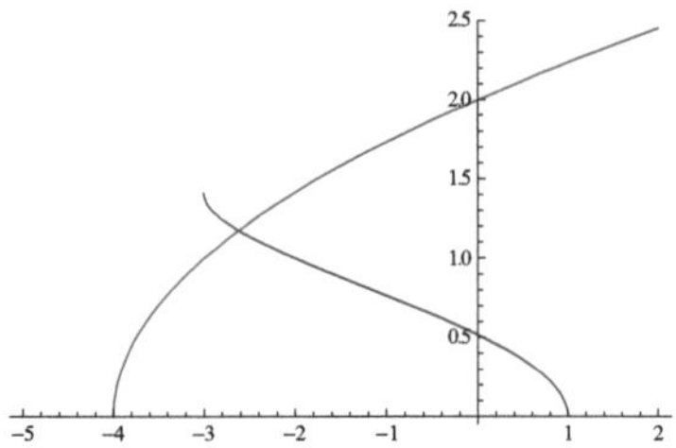

Ecuaciones con módulos

⚓En este epígrafe se tratarán ecuaciones que contienen una incógnita bajo el signo de valor absoluto. El procedimiento de solución de estas ecuaciones consiste en reducirlas a ecuaciones que no contengan el signo de valor absoluto utilizando la definición de módulo.

📌(26). El valor absoluto de un número x (se designa por $|x|$ y se define del siguiente modo: $|x| = \begin{cases} x, si \ x > 0 \\ 0, si \ x = 0 \\ -x \ si \ x < 0 \end{cases} \Leftrightarrow \begin{cases} x, si \ x \geq 0 \\ -x \ si \ x < 0 \end{cases}$

📌(27). A la función $f: \mathbb{R} \to \mathbb{R}: f(x) = |x|, \forall x \in \mathbb{R}$ se llama función modular.

El gráfico de la función modular tiene similitudes con la función cuadrática y con sus propiedades que se pueden inferir del gráfico:

a. Dom $f: \mathbb{R}$.
b. Im f: $\mathbb{R}_+$.
c. Mínimo global: 0.
d. La función módulo corta el eje y en el punto (0;0).
e. En $x = 0$ la función módulo tiene un cero.
f. Como $|x| \geq 0$ f no es negativa en ningún punto.
g. La función es simétrica respecto al eje de las ordenadas.

La función cumple otras propiedades pero estas son las más significativas.
Para la resolución de problemas son útiles las siguientes propiedades:
Para cualquier número real $a, \ b$ se cumple:

I. $|a + b| \leq |a| + |b|$

II. $|a - b| \geq |a| - |b|$

III. $|ab| = |a||b|$

IV. $\left|\dfrac{a}{b}\right| = \dfrac{|a|}{|b|} \ (b \neq 0)$

🖋(24). Hallar el conjunto solución de la siguiente ecuación $x^2 - 2|x| - 3 = 0$

Se debe seguir la definición de valor absoluto para "liberar del módulo" la variable de la ecuación:

$$x^2 - 2|x| - 3 = \begin{cases} x^2 - 2x - 3 \ si \ x \geq 0 \\ x^2 + 2x - 3 \ si \ x < 0 \end{cases}$$

Estas condiciones plantean resolver dos ecuaciones cuadráticas:

$$
\begin{array}{c|c}
x \geq 0 & x < 0 \\
x^2 - 2x - 3 = 0 & x^2 + 2x - 3 = 0
\end{array}
$$

Resolviendo esta ecuaciones se obtienen los siguientes resultados:

$$
\begin{array}{c|c}
\{\{x \to -1\}, \{x \to 3\}\} & \{\{x \to -3\}, \{x \to 1\}\}
\end{array}
$$

Escogiendo de cada condición la solución que se corresponda con ella se tiene:

$$
\begin{array}{c|c}
\{x \to 3\} & \{x \to -3\}
\end{array}
$$

Solución final: $S = \{-3; 3\}$.

Como en otras ocasiones, se adjunta el gráfico de la función (en este caso $h(x) = x^2 - 2|x| - 3$) para ilustrar, constar resultados y fijar en el alumno la correspondencia entre comportamiento analítico de la función y el gráfico. Observe que la función tratada conserva la forma de una función cuadrática, pero el término afectado por la función modular le imprime una particularidad en $x = 0$.

♻ (9). Experimente con la funciones cuadrática con soluciones reales planteadas anteriormente cambiando el término en x por $|x|$ y calcule sus raíces.

♻ (10). En el gráfico adjunto aparecen super-
puestos los gráficos de las funciones
$f(x) = x^2 - 2x - 3$ y $g(x) = x^2 + 2x - 3$.

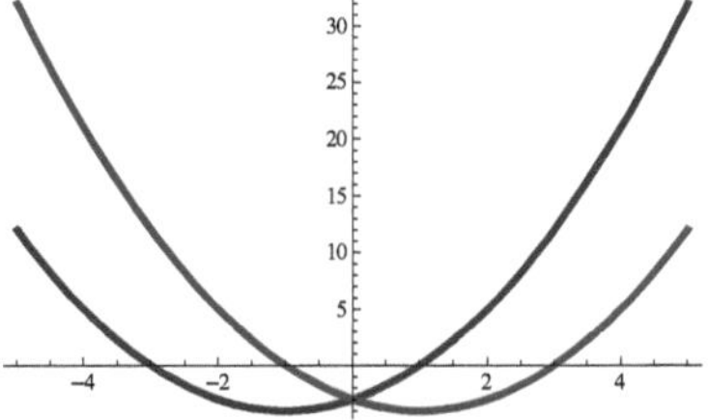

Compare el comportamiento de estas funciones con el gráfico anterior de $h(x)$, particularmente qué partes son comunes en cada gráfico. Analice las soluciones de las dos ecuaciones obtenidas en el proceso de solución y la decisión de desecharlas, pero ahora justifique esta decisión apoyado en el comportamiento del gráfico.

✏(22). Hallar el conjunto solución de la ecuación $|x| + |3 - x| = 3$.
En este caso hay que "liberar del módulo" más de una expresión, la cantidad de combinaciones para analizar el comportamiento de la variable aumenta, mientras para la primera expresión hay que considerar $x \geq 0$ o $x < 0$, en la segunda el análisis es $x \geq 3$ o $x < 3$, de modo que para $x \geq 3$ y $x < 0$ ambas expresiones tienen igual comportamiento respecto al signo, pero para el intervalo $0 \leq x < 3$ el comportamiento es: $x \geq 0$ y $3 - x < 0$, por lo que habrá que resolver 3 ecuaciones.

El proceso parece complicado pero con organización no debe presentar dificultades, el algoritmo es análogo al de la inecuaciones fraccionarias, consiste en determinar intervalos según los valores que anulan cada expresión afectada por módulos, "liberar del módulo" las respectivas expresiones según el comportamiento en cada intervalo, determinar el conjunto solución de las ecuaciones que se obtengan bajo las condiciones de cada intervalo y finalmente unir las soluciones como expresión del conjunto solución de la ecuación.

Para el ejemplo que se analiza se tienen dos ceros: $x = 0$ y $x = 3$, de ahí los intervalos que se muestran en la tabla, donde se han mantenido de la tabla de inecuaciones fraccionarias el análisis del signo de los binomios en cada intervalo, que puede servir de guía en el momento de "liberar del módulo", pero puede omitirse.

	x < 0	0 ≤ x ≤3	x>3
x	-	+	+
3-x	+	+	-
Liberando del módulo según la definición dada de valor absoluto:			
$-x + (3 - x) = 3$	$x + (3 - x) = 3$	$x + (-(3 - x)) = 3$	
Resolviendo las ecuaciones			
$-x + 3 - x = 3$ $-2x = 0 \Leftrightarrow x = 0$ $S = \emptyset$ Por no cumplir condiciones definidas en el intervalo x<0	$x + 3 - x = 3 \Leftrightarrow 0 = 0$ $S = [0 \,; 3\,]$ Porque se trata de una identidad, al satisfacerse para todos los valores de x	$x - 3 + x = 3$ $2x = 6 \Leftrightarrow x = 3$ $S = \emptyset$ Por no cumplir condiciones definidas en el intervalo x>3	
Solución final	$S = [0 \,; 3\,]$		

El gráfico que se adjunta ilustra y confirma el resultado calculado. La gráfica se ha coloreado y dibujado más gruesa para destacar que en el intervalo entre 0 y 3 la gráfica coincide con el eje de las abscisas.

Un ejemplo más no resulta ocioso.

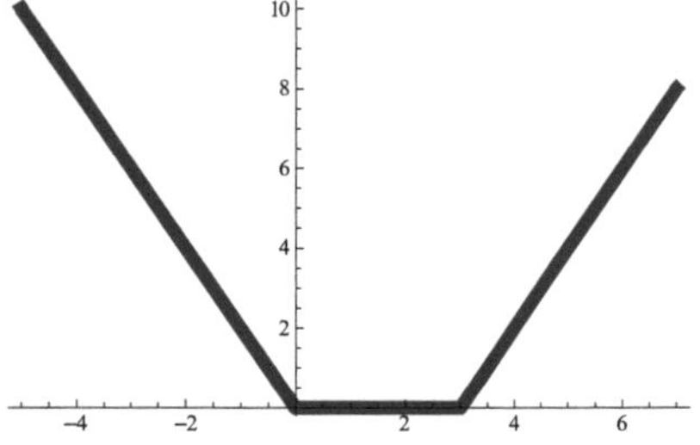

♪(22). Hallar el conjunto solución de la ecuación $|x^2 - 9| + |x^2 - 4| = 5$

Se puede comenzar por determinar los ceros de los componentes afectados en expresiones modulares: $x_1 = -3$; $x_2 = 3$; $x_3 = -2$; $x_4 = 2$ pero es más "cómodo" en este caso hacer un cambio de variable $y = x^2$ se tiene $|y - 9| + |y - 4| = 5$ y se continúa con la tabla ya referida.

	$y < 4$	$4 \leq y \leq 9$	$y > 9$
$x^2 - 4$	-	+	+
$x^2 - 9$	-	-	+
Liberando del módulo según la definición dada de valor absoluto:			
$-y + 9 - y + 4 = 5$		$-y + 9 + y - 4 = 5$	$y - 9 + y - 4 = 5$
Resolviendo las ecuaciones			
$-2y = -8 \Leftrightarrow y = 4$ $S = \emptyset$ Por no cumplir condiciones definidas en el intervalo $x < 4$.		$5 = 5$ $S = [4\,;9\,]$ Porque se trata de una identidad, se satisface para todos los valores de x.	$2y = 8 \Leftrightarrow y = 4$ $S = \emptyset$ Por no cumplir condiciones definidas en el intervalo $y > 9$.
Queda entonces la siguiente desigualdad $4 \leq x^2 \leq 9$ que hay que resolver.			
$x^2 - 4 \geq 0$		y	$x^2 - 9 \leq 0$
$x \leq -2 \ o \ x \geq 2$		y	$-3 \leq x \leq 3$
Solución final:			
$-3 \leq x \leq -2 \ o \ 2 \leq x \leq 3$ $S = [-3\,;\,-2] \cup [2\,;3]$			

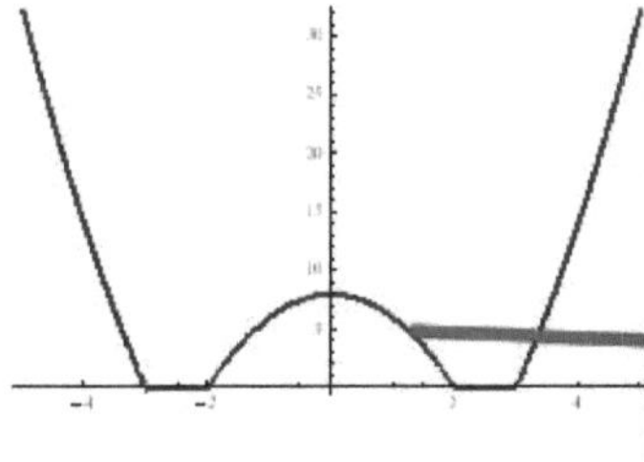

El gráfico que complementa el ejemplo anterior explica el resultado obtenido y la imagen ilustra la correspondencia de las curvas que estudia la Matemática con la realidad circundante.

✍¿Ha observado que el conjunto solución de estas ecuaciones puede ser un intervalo de valores a diferencia de las estudiadas hasta ahora?

�֎ (62). Resolver las ecuaciones:

a) $|x^2 - x - 6| = x + 2$

b) $|x^2 - x - 6| = \lfloor x^2 - 4 \rfloor$

c) $|x^2 - x - 6| - \lfloor x^2 - 4 \rfloor - \lfloor x^2 - 2x - 3 \rfloor = 0$

d) $|x^2 - 5x - 6| - |x^2 - x - 6| - |x^2 - 4x - 3| = 0$

e) $|x^2 - 3| + |x^2 - 9| = 6$

f) $|x^2 - 3| + |x^2 + 9| = 12$

g) $|x^2 + 3| + |x^2 + 9| = 12$

h) $|x| - 2|x + 1| + 3|x + 2| = 0$

i) $|x^2 - 4x + 2| - \left|\frac{5x - 4}{3}\right| = 0$

j) $(1 + x)^2 - |1 - x^2| = 0$

Inecuaciones con módulos

☞ Son importantes y prácticas las siguientes observaciones:

$|x| < a \Leftrightarrow -a < x < a$ Esto es, "x" está entre "-a" y "a"

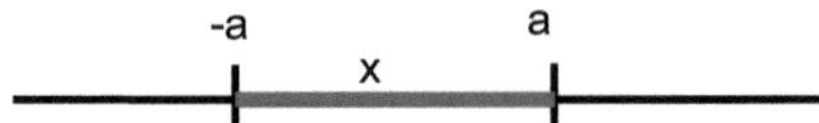

i. $|x| > a \Leftrightarrow x < -a \ o \ x > a$ Quiere decir que "x" es menor que "-a" o mayor que "a", en otras palabras "x" tomas cualquier valor excepto de los comprendidos entre "–a" y "a"$(-a \leq x \leq a)$.

ii. $\sqrt{x^2} = |x|$

La solución de inecuaciones con módulos se combina los conocimientos de solución de ecuaciones con módulo y la resolución de inecuaciones. El proceso resulta fácil siempre que se organice el trabajo como se ha propuesto.

♪(23). Hallar el conjunto solución de la siguiente inecuación $|3 - 2x| < 7$.

Según lo planteado en (i) $|3 - 2x| < 7 \Leftrightarrow -7 < 3 - 2x < 7$

$3 - 2x > -7$		$3 - 2x < 7$
$-2x > -10$	y	$-2x < 4$
$x < 5$		$x > -2$
Respuesta final:	$-2 < x < 5$	
	$S =]-2\,;5\,[$	

El comportamiento de la desigualdad se muestra en el gráfico donde se muestra $f(x) = |3 - 2x|$ y $g(x) = 7$.

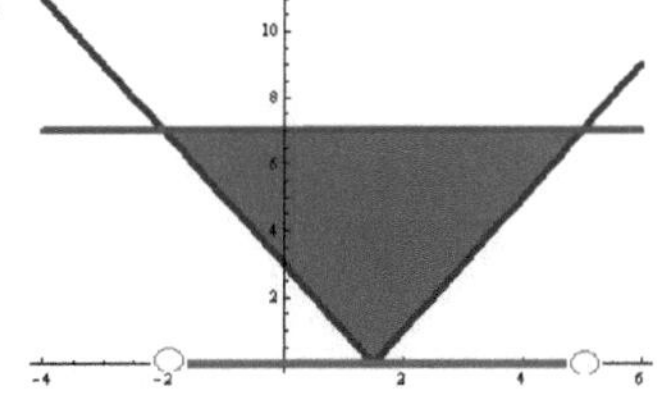

�֍ (63). Aplicando (ii) y el ejemplo anterior, halle el conjunto solución de la siguiente inecuación $|3 - 2x| > 7$.

La inecuación puede ser más compleja como la siguiente:

♪(24). Hallar el conjunto solución de la siguiente inecuación

$$|3x - 1| - |6x + 2| + |x - 4| > 0$$

Los ceros de la funciones $y = 3x - 1$, $y = 6x + 2$, $y = x - 4$ son:

$$x_1 = \frac{1}{3}; \ x_2 = -\frac{1}{3}; \ x_3 = 4$$

Siguiendo el esquema se tiene la tabla

	$x < -\dfrac{1}{3}$	$-\dfrac{1}{3} \le x < \dfrac{1}{3}$	$\dfrac{1}{3} \le x < 4$	$x \ge 4$
$3x - 1$	−	−	+	+
$6x + 2$	−	+	+	+
$x - 4$	−	−	−	+
Liberando módulos y resolviendo ecuaciones				
	-(3x-1)-(-(6x+2))+ (-(x-4))>0	-(3x-1)-(6x+2)+ (-(x-4))>0	(3x-1)-(6x+2)+ (-(x-4))>0	(3x-1)-(6x+2)+ (x-4)>0
	$7 + 2x < 0$ $\Leftrightarrow x > -\dfrac{7}{2}$	$10x < 3 \Leftrightarrow x < \dfrac{3}{10}$	$4x < 1 \Leftrightarrow x < \dfrac{1}{4}$	$7 + 2x > 0$ $\Leftrightarrow x > -\dfrac{7}{2}$
	La solución satisface condición para liberar módulo	La solución satisface condición para liberar módulo	La solución no satisface condición para liberar módulo	La solución no satisface condición para liberar módulo
Solución final:	$-\dfrac{7}{2} < x < \dfrac{3}{10}$			

El gráfico adjunto como es costumbre, representa la función que define la inecuación analizada, el intervalo solución de la inecuación es donde la función se encuentra por encima del eje de las abscisas.

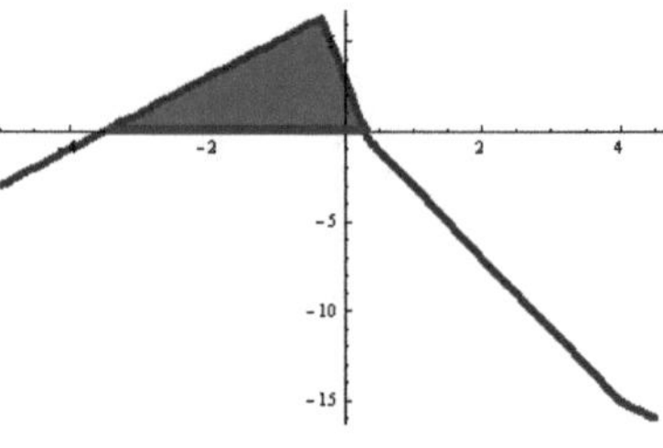

71

(11). En la definición de límite de una función, que corresponde a la llamada Matemática Superior, se aplican desigualdades con módulos. Este importante concepto matemático se define del siguiente modo:

La función f tiende hacia el límite l en a significa: para todo $\varepsilon > 0$ existe algún $\delta > 0$ tal que, para todo x, si $0 < |x - a| < \delta$, entonces $|f(x) - l| < \varepsilon$.

Transforme esta definición "liberando" las expresiones modulares ¿verdad que es más comprensible la definición que usted ha encontrado que esta que aparece en todos los libros?

(64). Resuelva las siguientes inecuaciones:

a) $|x^3 - 1| \leq x^2 + x + 1$

b) $x^2 + x - |3x + 2| + x^2 + 1 - |x - 3| < 0$

c) $x^2 + 2x + 12 - |3x^2 + 2| + (x^2 - 1) - |(x^2 - 3)| < 0$

d) $\left|\frac{x+2}{2x-3}\right| \leq 3$

Ecuaciones trascendentes

(28). Por transformación algebraica de la ecuación $F = 0$ se entienden las transformaciones siguientes:

1. La adición a ambos miembros de la ecuación una misma expresión algebraica.
2. La multiplicación de ambos miembros de la ecuación por misma expresión algebraica.
3. La elevación de ambos miembros de la ecuación a una potencia racional.

(29). La ecuación que no se reduce a una ecuación algebraica mediante las transformaciones algebraicas, se llama ecuación trascendente.

☞ Las ecuaciones trascendentes más simples son las exponenciales, logarítmicas y trigonométricas.

Potencias, raíces y logaritmos

La potenciación, la radicación y la logaritmación son tres operaciones íntimamente relacionadas. El esquema adjunto muestra esa relación; aunque tiene más intenciones didácticas que formalismos matemáticos, ilustra esa relación.

$$a^k = b \begin{cases} ¿?^k = b \rightarrow \sqrt[k]{b} \\ a^{¿?} = b \rightarrow log_a b \end{cases}$$

$$2^3 = 8; \quad \sqrt[3]{8} = 2; \quad log_2 8 = 3$$

$$3^{-2} = \frac{1}{3^2} = \frac{1}{9}; \quad \sqrt{\frac{1}{9}} = \frac{1}{3}; \quad log_3\left(\frac{1}{9}\right) = log_3 1 - log_3 9 = -2$$

Después de esta visión general es necesario precisar definiciones, muchas conocidas pero que vale la pena recordar.

☛ (30). Si el número b se obtiene como resultado de la multiplicación del número a por si mismo n veces:

$$b = \underbrace{a.a.a....a}_{\text{n factores}}$$

se llama potencia natural de a y se denota a^n.

☞ Para $a \neq 0$ se define $a^0 = 1$; 0^0 no está definido.

☛ (31). Para $a \neq 0$ se define $a^{-n} = \frac{1}{a^n}$ n es un número natural.

☜(32). La única solución positiva de la ecuación $x^n = a$ raíz de n-simas potencia (o raíz aritmética de n-sima potencia) del número real positivo a; la cual se designa con $\sqrt[n]{a}$ o $a^{\frac{1}{n}}$; la raíz de segunda potencia se expresa por $\sqrt{a}$.

☞Para a = 0 , $\sqrt{0} = 0$ ó $0^{\frac{1}{n}} = 0$. Si un número real a es negativo, la raíz de n-sima potencia del número a se halla sólo para n impar como solución real negativa de la ecuación $x^n = a$.

☜(33). El número $\left(\sqrt[n]{a}\right)^m$ se llama potencia racional $\frac{m}{n}$ $con\ m \in \mathbb{Z}; n \in \mathbb{N}; a \in \mathbb{R}$ y se escribe de la siguiente forma:

$$\left(\sqrt[n]{a}\right)^m = \left(a^{\frac{1}{n}}\right)^m = (a^m)^{\frac{1}{n}} = \sqrt[n]{a^m} = a^{\frac{m}{n}} .$$

☞De las definiciones anteriores se infieren las siguientes proposiciones:

i. $\sqrt[m]{a} \times \sqrt[n]{a} = \sqrt[mn]{a^{m+n}}$

ii. $\sqrt[m]{\sqrt[n]{a}} = \sqrt[mn]{a}$

iii. $\sqrt[n]{ab} = \sqrt[n]{a} \times \sqrt[n]{b}$

iv. $\sqrt[n]{\dfrac{a}{b}} = \dfrac{\sqrt[n]{a}}{\sqrt[n]{b}}$

De la definición de exponente racional mediante procedimientos matemático se generaliza el concepto a potencia o exponente real con las siguientes propiedades:

i. $a^{\alpha+\beta} = a^\alpha . a^\beta$

ii. $(a^\alpha)^\beta = a^{\alpha.\beta}$

iii. $\dfrac{a^\alpha}{a^\beta} = a^{\alpha-\beta}$

iv. $(a.b)^\alpha = a^\alpha . b^\alpha$

v. $\left(\dfrac{a}{b}\right)^\alpha = \dfrac{a^\alpha}{b^\alpha}$

$\mathcal{6}$ Una aplicación particular de la potenciación es en la siguiente sucesión $u_n = \left(1 + \frac{1}{n}\right)^n$. Calculando sus primeros términos se tiene:

n	$\left(1 + \frac{1}{n}\right)^n$	n	$\left(1 + \frac{1}{n}\right)^n$	n	$\left(1 + \frac{1}{n}\right)^n$	n	$\left(1 + \frac{1}{n}\right)^n$	n	$\left(1 + \frac{1}{n}\right)^n$
1	2	20	2,65329771	220	2,71212955	600	2,71602005	1350	2,71727574
2	2,25	30	2,67431878	240	2,71264029	640	2,71616121	1400	2,71731165
3	2,37037037	40	2,68506384	260	2,71307273	680	2,71628578	1450	2,71734508
4	2,44140625	50	2,69158803	280	2,71344359	720	2,71639653	1500	2,71737629
5	2,48832	60	2,69597014	300	2,71376516	760	2,71649564	1550	2,71740548
6	2,521626372	70	2,69911637	320	2,71404664	800	2,71658485	1600	2,71743285
7	2,546499697	80	2,70148494	340	2,7142951	840	2,71666557	1650	2,71745856
8	2,565784514	90	2,70333246	360	2,71451602	880	2,71673896	1700	2,71748276
9	2,581174792	100	2,70481383	380	2,71471375	920	2,71680597	1750	2,71750558
10	2,59374246	110	2,70602808	400	2,71489174	960	2,71686741	1800	2,71752713
11	2,604199012	120	2,70704149	420	2,71505283	1000	2,71692393	1850	2,71754752
12	2,61303529	130	2,70790008	440	2,71519929	1040	2,71697611	1900	2,71756684
13	2,620600888	140	2,70863681	460	2,71533305	1080	2,71702443	1950	2,71758516
14	2,627151556	150	2,70927591	480	2,71545568	1120	2,7170693	2000	2,71760257
15	2,632878718	160	2,70983558	500	2,71556852	1160	2,71711108	2050	2,71761913
16	2,637928497	170	2,71032975	520	2,7156727	1200	2,71715008	2100	2,7176349
17	2,642414375	180	2,7107693	540	2,71576917	1240	2,71718656	2150	2,71764994
18	2,646425821	190	2,71116279	560	2,71585876	1280	2,71722076	2200	2,71766429
19	2,650034327	200	2,71151712	580	2,71594218	1320	2,71725289	2250	2,71767801

Evidentemente a partir de 2,71…la sucesión de dígitos varía pero "tendiendo a un valor", expresado matemáticamente mediante la expresión $\lim_{n \to \infty} \left(1 + \frac{1}{n}\right)^n = e$, número que se conoce como constante de Euler, el cual es irracional[2] y trascendente[3] y cuyo valor aproximado es

$$e \approx 2{,}718\ 281\ 828\ 459\ \dots$$

---

[2] Son irracionales los número que no puede expresarse en la forma $\frac{m}{n}$ $con\ n\ y\ m\ \in \mathbb{Z}; n \neq 0$.

[3] Son trascendentes los números que no pueden ser solución de ninguna ecuación algebraica con coeficientes racionales.

El número e tiene una extraordinaria importancia en la Matemática como se verá posteriormente.

En la introducción de este epígrafe es ilustró la relación entre potencias, raíces y logaritmos, precisado lo relativo a potenciación se tratará la logaritmación.

✍(34). $log_a b$ se define de la siguiente ra: $log_a b$ ($a > 0; a \neq 1; b > 0$) es el único número real c que satisface $a^c = b$.

☞La definición dada tiene varias condiciones que hay que tomar en consideración en todo cálculo o análisis que se realice donde se aplique el concepto de logaritmo pero de la referida definición se infiere que:

a) $a^{log_a b} = b$ $(a > 0; a \neq 1; b > 0)$.

b) $a^c = b \, y \, c = log_a b$ ($a > 0; a \neq 1; b > 0$) son para los números a, b y c, dos formas de expresar el mismo planteamiento.

c) $log_a b = c \Leftrightarrow a^c = b$ Esta equivalencia es fundamental en el proceso de solución de ecuaciones de este tipo.

d) Dado que $a^0 = 1$ $(a \neq 0) \, y \, a^1 = a$ para toda base positiva a, con $a \neq 1$, se cumple que:
$log_a 1 = 0 \, y \, log_a a = 1$.

A Leonard Euler se debe la fórmula más bella de la Matemática

$$e^{i\pi} + 1 = 0$$

En ella aparece:

a) e, número de Euler

b) π,la longitud de la semicircunferencia unitaria.

c) i la unidad imaginaria.

d) **1**, el elemento neutro para el producto

e) **0**, el elemento neutro para la suma.

Además en la fórmula aparecen las tres operaciones importantes de la aritmética: adición, multiplicación y exponenciación.

Nadie ha sido capaz de lograr otra que la supere en belleza y síntesis.

John Napier (Edinburgo, Escocia 1550 - 4 de Abril de 1617). Estudió en la Universidad St. Andrés. En 1517 retornó a Escocia y tomó parte en las controversias religiosas de ese tiempo. Estudió Matemática como pasatiempo. En 1614 publicó una descripción de cómo multiplicar y dividir con la ayuda delogaritmos, palabra compuesta de dos vocablos griegos "logos" (relación) y "arithmos"(número). Independiente de Napierel suizo Burgi trabajó en la multiplicación de logaritmos, pero fue el Inglés Henry Briggs, quien comenzó a usar los logaritmos de base 10

Los logaritmos fueron una valiosa herramienta de cálculo paralos astrónomos. Hoy las calculadoras y computadoras han tomado su lugar, no obstante la teoría de los logaritmos resulta relevante para la Matemáticas puras y sus aplicaciones en los estudios de las ciencias naturales.

76

Otras propiedades importantes son:

e) $log_a(b_1 b_2) = log_a(b_1) + log_a(b_2)$ $(b_1 > 0, b_2 > 0)$.

f) $log_a\left(\frac{b_1}{b_2}\right) = log_a(b_1) - log_a(b_2)$ $(b_1 > 0, b_2 > 0)$.

g) $log_a b^c = c \times log_a b$ $(b > 0)$ particularmente para el caso en que c sea un fraccionario que exprese un radical la fórmula adopta la siguiente expresión: $log_a \sqrt[n]{b} = \frac{log_a b}{n}$ $(b > 0)$.

h) $log_a c = \frac{log_b c}{log_b a}$; $log_a c = \frac{1}{log_c a}$ Esta fórmula permite el cambio de base.

i) $a^x = e^{x \ln(a)}$. Esta es una expresión fundamental que relaciona la función exponencial y la logarítmica.

(35). Particular importancia tienen las base 10 y e expresadas mediante *lg* y *ln* respetivamente, es decir: $log_{10} k$ se expresa $\lg k$, y $log_e k$ se expresa $\ln k$.

Función exponencial y logarítmica

Función exponencial	Función logarítmica
✍(36). Definiciones:	
Dado un número $a \in \mathbb{R}_+^*, a \neq 1$, se llama función exponencial a toda función de la forma $$f: \mathbb{R} \to \mathbb{R}: f(x) = a^x, \forall x \in \mathbb{R}$$	A toda función de la forma $$f: \mathbb{R}_+^* \to \mathbb{R}: f(x) = log_a x, \forall x \in \mathbb{R}_+^*$$ $a \in \mathbb{R}_+^*$, $a \neq 1$ se le llama función logarítmica.
✍(37). Propiedades:	
Dominio: $\mathbb{R}$ Imagen: $\mathbb{R}_+^*$ Monotonía: • Si a>1 es estrictamente creciente en todo $\mathbb{R}$. • Si 0<a<1 es estrictamente decreciente en todo $\mathbb{R}$. Ceros : No tiene Intersección con el eje de las ordenadas: Punto (0,1)	Dominio: $\mathbb{R}_+^*$ Imagen: $\mathbb{R}$ Monotonía: • Si a>1 es estrictamente creciente en todo $\mathbb{R}$. • Si 0<a<1 es estrictamente decreciente en todo $\mathbb{R}$. Ceros : en x=1 Intersección con el eje de las ordenadas: Por no estar definida para x=0 la función no intercepta el eje de las ordenadas.

⌘Algunas aplicaciones de las funciones exponencial y logarítmica

Función exponencial:

- **La desintegración de substancias radioactivas**: Una sustancia radiactiva se desintegra (y se convierte en otro elemento químico) de acuerdo con la fórmula:$N = N_0 e^{-\lambda t}$, donde

  N_0: Número inicial de núcleos radioactivos presentes.

  λ: Constante característica de la substancia llamada constante de desintegración (para el radio $\lambda = 1{,}382 . 10^{-11} s^{-1}$).

• **Prueba del carbono 14**: El carbono 14 (^{14}C), es un isótopo radiactivo de dicho elemento, que tiene alrededor de 5750 años como promedio de vida Determinando la cantidad de ^{14}C que contienen los restos de lo que fue un organismo vivo, es posible determinar qué porcentaje representa de la cantidad original de ^{14}C, en el momento de la muerte. Con esta información, la fórmula $R = R_0 e^{kt}$ permite calcular la antigüedad de los restos, al resolver la ecuación para la variable t.

• **Cálculo de una reacción en cadena**[4]: El proceso de fisión nuclear[5]se inicia por la absorción de un neutrón que libera cierta cantidad de neutrones en los núcleos fisionados. Estos neutrones provocan rápidamente la fisión de varios núcleos más, con lo que liberan otros cuatro o más neutrones adicionales e inician una serie de fisiones nucleares automantenidas, una reacción en cadena que lleva a la liberación continuada de energía nuclear. Este proceso se modela mediante la siguiente ecuación: $N = N_0 e^{(v-l)\frac{t}{l}}$ donde N_0 : es el número inicial (t =0) de neutrones libres.

    v: factor de reproducción.

    l: tiempo promedio entre dos generaciones sucesivas de neutrones en el tiempo: t.

    v: cantidad de neutrones que produce en cada generación cada neutrón libre efectivo.

• **Interés compuesto:** Cuando una inversión gana un interés compuesto, esto significa que el interés obtenido después de un periodo fijo de tiempo se agrega a la inversión inicial y, entonces, el nuevo total, gana intereses du-

---

[4]Reacción en cadena, reacción física o química automantenida en la que los productos de cada etapa son los reactivos de la siguiente. Especialmente, una serie de reacciones de fisión nuclear.
[5] Fisión nuclear: Rotura del núcleo de un átomo, con liberación de energía, tal como se produce mediante el bombardeo de dicho núcleo con neutrones..

rante el siguiente periodo de inversión; y así, sucesivamente: La fórmula del acumulado al cabo de un tiempo t es $A_t = P\left(1 + \frac{r}{n}\right)^{nt}$ siendo:

n: periodos redituables por año.

r: por ciento de interés compuesto anual.

P: inversión de P pesos gana intereses cada año.

- **Los procesos de crecimiento biológico**: Crecimientos de un cultivo de bacterias, incremento de la cantidad de madera en un bosque se pueden expresar de manera simplificada mediante la función exponencial:

  $m = m_0 e^{at}$ con:

  m_0: cantidad de materia en un instante $t_0=0$.

  a: constante de crecimiento de la materia de que se trate .

  m: cantidad de materia en un instante t $\geq t_0$.

Función logarítmica:

- **Escala logarítmica**: Hay procesos físicos, biológicos y sociales descritos mediante expresiones exponenciales que resultan difícil de graficar para determinados valores, porque sus imágenes dan valores muy grandes o muy pequeños; una solución de este problema es el empleo de una escala logarítmica.

En las gráficas se representan la misma función en dos escalas, observe que *g(x)* resulta de tomar logaritmos en ambos miembros de f(x) y después realizar un cambio de variables; compare además los

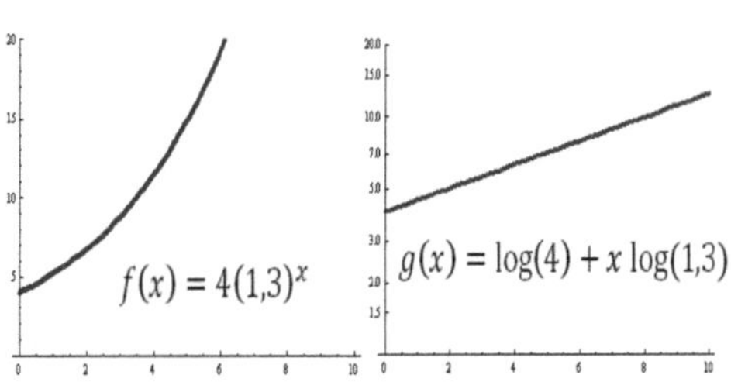

ejes de ordenadas de ambos gráficos; para *f* se tiene una escala estándar, pero para *g* se ha empleado una escala logarítmica, esto es, 2 se corresponde con log(2), 3 con log(3) y así sucesivamente, esto es lo que facilita la conversión de una función exponencial a una línea recta cuyos coeficientes son los logaritmos de los parámetros de la función exponencial.

- **Escalas de intensidad sísmica:** Las escalas de medida de la intensidad de los terremotos más comúnmente utilizadas son de tipo logarítmico. Así, la escala de Richter utiliza una escala logarítmica de base10, con lo que cada aumento de grado en esta escala no se corresponde con un aumento lineal de la magnitud de un seísmo, sino exponencial: un terremoto de grado seis es diez veces menos intenso que uno de grado siete, y cien veces menos que uno de grado ocho.

- **La intensidad sonora:** Las unidades utilizadas comúnmente para medir los niveles de intensidad de un sonido, llamadas belio y decibelio, son en realidad relativas y de naturaleza logarítmica. Así, un decibelio se define en acústica como la décima parte del logaritmo decimal del cociente entre la intensidad de un sonido y una intensidad umbral tomada como referencia.

- **Datación de vestigios arqueológicos:** Al tratarla función exponencial se planteó la fórmula que permite determinar la prueba del carbono 14 que en su expresión logarítmica despejando t es para $R_0 > 0, k \neq 0 \ y \ R > 0,$

$$t = \frac{\log\left(\frac{R}{R_0}\right)}{k} \ .$$

- **La determinación del pH:** El pH de una solución se define por la fórmula $pH = log\left(\frac{1}{H}\right)$ donde H es la concentración de iones hidrógenos de una solución. Si pH =7 la solución es neutra, si pH >7 la solución es alcalina y si pH <7 la solución es ácida.

- **El pentagrama**: Otro ejemplo de escala logarítmica es el pentagrama utilizado en los países occidentales para escribir música, pues, como se ve en el gráfico, la diferencia en la altura del sonido es proporcional al logaritmo de la frecuencia (de un *do* grave al *do* siguiente más agudo la frecuencia se dobla. Es decir: que la sucesión de frecuencias de las notas *do* están en progresión geométrica). [La escala logarítmica es de base 2.]

Ecuaciones exponenciales

🐭(38). Se llama ecuación exponencial aquella en la cual la incógnita forma parte sólo de los exponentes para cierta base constante.

✍ Las ecuaciones exponenciales más simples son del tipo $a^{f(x)} = b$ donde $a, b \in \mathbb{R}_+$ y $a \neq 1$. Estas ecuaciones son equivalentes a ecuaciones algebraicas de la forma $f(x) = \log_a b$.

✍**Algoritmo general de solución de las ecuaciones exponenciales:**

Pasos del algoritmo		Ejemplo
Caso 1	Si es posible, aun cuando las bases sean distintas, transformarlas a una base común aplicando propiedades de las potencias.	$9.8^x - 18.4^x - 2.2^x + 4 = 0$
	a) Transformar cada una de las expresiones a la base menor.	$9.(2^x)^3 - 18.(2^x)^2 - 2(2^x) + 4 = 0$
	b) Hacer un cambio de variables del tipo $y = a^x$	$y = 2^x$ $9.y^3 - 18.y^2 - 2y + 4 = 0$
	c) Resolver la ecuación algebraica.	En este caso las soluciones son: $y = 2; \; y = -\dfrac{\sqrt{2}}{3}; y = \dfrac{\sqrt{2}}{3}$
	d) Sustituir cada valor obtenido en la variable cambiada.	$2^x = 2 \;\; , 2^x = \dfrac{\sqrt{2}}{3}; \;\; 2^x - \dfrac{\sqrt{2}}{3}$
	e) Resolver las ecuaciones exponenciales obtenidas	$2^x = 2 \Leftrightarrow 2^x = 2^1 \Leftrightarrow x = 1$ $2^x = \dfrac{\sqrt{2}}{3} \Leftrightarrow x = \log_2\left(\dfrac{\sqrt{2}}{3}\right)$
Caso 2	Si no es posible, transformar la ecuación a una base común aplicando propiedades de las potencias.	$7^{x-1} - 2^x = 0$
	Existen ecuaciones como las del ejemplo con distintas bases que pueden resolverse colocando en cada miembro las expresiones exponenciales y tomando logaritmo de cualquier base (preferiblemente base 10 en ambos miembros)	$7^{x-1} = 2^x \Leftrightarrow (x-1)\log 7 = x \log 2$ $x\log(7) - \log 7 = x \log 2$ $x(\log 7 - \log 2) = \log 7$ $x = \dfrac{(\log 7 - \log 2)}{\log 7}$

�֎ (65). Halle el conjunto solución de las siguientes ecuaciones:

a) $2^{x-1} - 5.2^x + 3 = 0$

b) $2^{x-2} + 4^x - 320 = 0$

c) $3^{x^2+1} - 3^{x^2-1} = 216$

d) $9^{x-1} - 2.3^{3x-3} + 81 = 0$

e) $4^x = 8^{\frac{x}{3}} + 2$

f) $25^{x^2-\frac{1}{4}} = 5^{2x-1}$

g) $2^{x-1} + 2^x + 2^{x+1} = 14$

h) $7^x + 7^{x-1} + 7^{x+2} = 2793$

i) $2^x + 2^{x-1} + 2^{x-2} + 2^{x-3} = 960$

j) ❦(1999- 2000) $3^{-2x^2} \cdot 9^{-2x^2-3} = \left(\frac{1}{27}\right)^{6x-2}$

⚕ (12).

a) Verifique si es $x = 5$ la solución de la ecuación

$$2^{2x} + 2^{2x-1} + 2^{2(x-1)} + 2^{2x-3} + 2^{2(x-2)} = 1984.$$

b) Encuentre la solución de la siguiente ecuación $\left(\sqrt[3]{2}\right)^{2-x} = 2^{x^2}$.

Inecuaciones exponenciales

🔧(39). Son inecuación exponencial las que se pueden reducir a una de las siguientes formas $a^{f(x)} > b$ o $a^{f(x)} < b$ $con\ a > 0\ y\ a \neq 1$.

☞ Como formas particulares para posterior generalización se tiene		
$a^x > b$		$a^x < b$
$x \in\,]\log_a b\,;\, +\infty\,[$	Para $a > 1,\ b > 0$	$x \in\,]-\infty\,;\log_a b\,[$
$x \in\,]-\infty\,;\log_a b\,[$	Para $0 < a < 1,\ b > 0$	$x \in\,]\log_a b\,;\, +\infty\,[$
$x \in \mathbb{R}$	Para $a > 0,\ b < 0$	$x = \emptyset$ (La desigualdad no tiene solución)

Para $a^{f(x)} > b$ o $a^{f(x)} < b$ $con\ a > 0\ y\ a \neq 1$ se cumplen las condiciones anteriormente analizadas pero tomando f(x) en lugar de x como se ilustra en los ejemplos.

♪(25). Hallar el conjunto solución de la siguiente inecuación $7^{3x-1} > 49$.

Esta inecuación cumple con las condiciones $a > 1$, $b > 0$ por lo tanto por extensión cumple la condición .

$f(x) \in\,] \log_a b\, ; \, +\infty\, [$ es decir, $f(x) > \log_a b$. Para el ejemplo que se analiza $f(x) = 3x - 1$, por lo que la ecuación se transforma en:

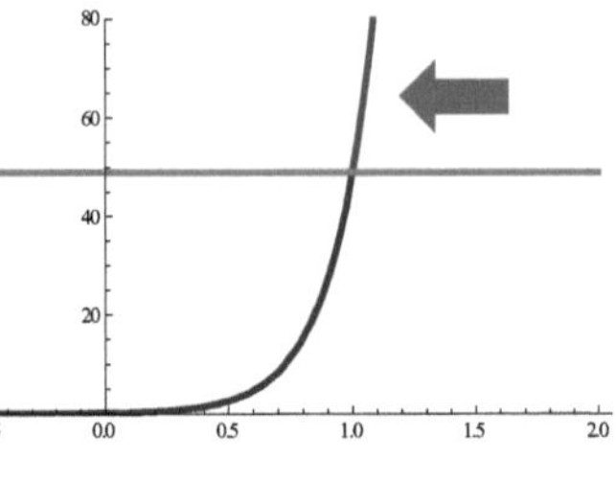

$$3x - 1 > \log_7 49 \Leftrightarrow 3x - 1 > 2 \Leftrightarrow 3x > 3 \Leftrightarrow x > 1$$

$$S =]1;\ +\infty[\ .$$

♪(26). Hallar el conjunto solución de la inecuación

$$\left(\frac{1}{2}\right)^{4x+3} < \frac{1}{2}\ .$$

Este inecuación cumple la condición $0 < a < 1$, $b > 0$ y por la desigualdad $f(x) \in\,]\log_a b\, ; \, +\infty\, [$ es decir, $f(x) > \log_a b$ y para la inecuación que se re-suelve se tiene que

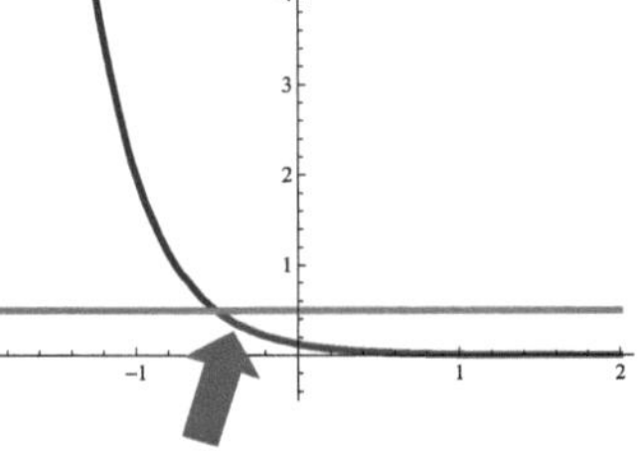

$$4x + 3 > \log_{\frac{1}{2}}\left(\frac{1}{2}\right) \Leftrightarrow 4x + 3 > 1 \Leftrightarrow 4x > -2 \Leftrightarrow x > -\frac{1}{2};\quad S =]-\frac{1}{2}\,;\ +\infty[\ .$$

✖ (66). Halle el conjunto solución de las siguientes inecuaciones:

a) $10.\,2^{x^2-4} \geq 320$

b) $\dfrac{11^{x^2-2}}{121} \geq 11^{x+2}$

c) $\left(\dfrac{1}{5}\right)^{\frac{3x-1}{x}} \geq (0.2)^{2x}$

d) $4^x < 2^{x+1} + 3$

e) $3^{2x} < 5^{x^2-15}$

f) $0{,}25^{\frac{7x-4}{x+2}} \leq \dfrac{1}{4}$

85

🎖 (13).

(a) En el gráfico adjunto se representan las funciones

$f(x) = 9^{|x|}$ y $g(x) = \left(\frac{1}{2}\right)^{\lfloor x+1\rfloor + |x-1|}$ determine para qué valores de x las imágenes de f se encuentra por debajo de las g.

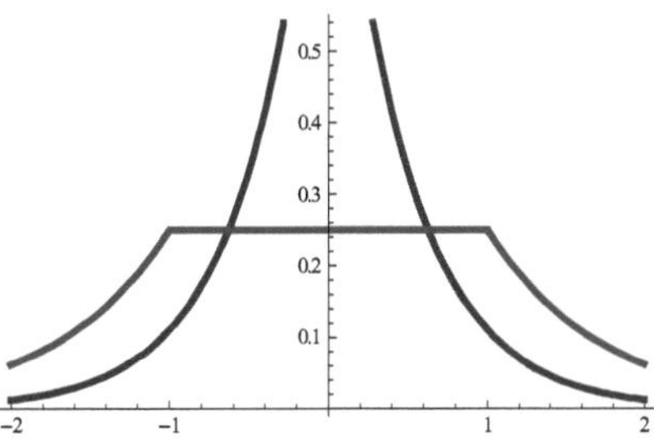

(b) Encontrar el conjunto solución de la inecuación:

$$\left(\frac{1}{2}\right)^{\left(x^6 - 2x^3 + 1\right)^{\frac{1}{2}}} < \left(\frac{1}{2}\right)^{1-x}.$$

Como guía para constatar resultados se adjunta el gráfico de ambas funciones.

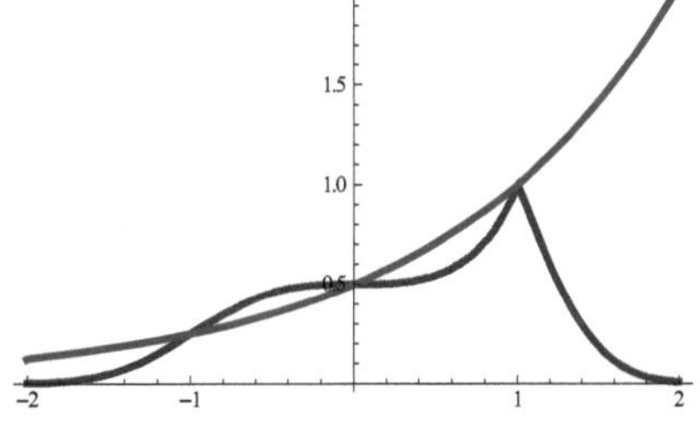

(c) Calcule el conjunto solución de la inecuación para el caso en que las bases de las funciones exponenciales sea $\sqrt{2}$ y el polinomio sea una expresión bicuadrática de cuarto grado.

(d) Y si las cambia ahora por $\frac{1}{\sqrt{2}}$ ¿cuál es el conjunto solución?

(e) Experimente con otros cambios análogos al que se propuso en (c) y (d).

Ecuaciones logarítmicas

☜(40). Se llama ecuación logarítmica, la ecuación en la cual la incógnita forma parte como argumento de la función logarítmica.

☞ La más simple ecuación logarítmica es la que tiene la forma

$$log_a f(x) = b \ con \ a > 0 \ y \ a \neq 1; b \ \in \mathbb{R}, equivalente \ a \ f(x) = a^b$$

☚El conjunto solución de una ecuación logarítmica tiene la forma $P(log_a x) = 0$ donde P es un polinomio de la incógnita indicada.

☞**Algoritmo general de solución de las ecuaciones logarítmicas:**

Pasos del algoritmo		Ejemplo
	.	$log_2^2 x + log_2 x - 2 = 0$
a) Realizar trasformaciones "convenientes y necesarias" en las expresiones logarítmicas que aparecen en la ecuación (transformación de suma en producto, realizar cambio de base, etc.)		En este primer ejemplo no se requiere hacer transformaciones, pero en los ejemplos posteriores se insistirá en esto
	b) De ser "conveniente" hacer un cambio de variables del tipo $y = log_a x$	$y = log_2 x$ $y^2 + y - 2 = 0$
	c) Resolver la ecuación algebraica.	En este caso las soluciones son: $y_1 = 1; \ y_2 = -2$
	d) Sustituir cada valor obtenido en la variable cambiada.	$log_2 x = 1 \ ; \ log_2 x = -2$
	e) Resolver las ecuaciones logarítmicas obtenidas	$log_2 x = 1 \Leftrightarrow x = 2^1 = 2$ $log_2 x = -2 \Leftrightarrow x = 2^{-2} = \dfrac{1}{2^2}$ $S = \left\{ 2, \ \dfrac{1}{4} \right\}$

✐(27). Hallar el conjunto solución de la ecuación:

$$2\sqrt[3]{2log_{16}^2 x} - \sqrt[3]{log_2 x} - 6 = 0$$

Ahora es necesario **realizar trasformaciones "convenientes y necesarias"** porque hay distintas bases. La fórmula $log_a c = \frac{log_b c}{log_b a}$ y en este caso lo aconsejable es reducir la base 16 a base 2; sustituyendo se tiene $log_{16} x = \frac{log_2 x}{log_2 16} = \frac{log_2 x}{4}$.

Sustituyendo en la ecuación se tiene:

$$2\sqrt[3]{2\left(\frac{log_2 x}{4}\right)^2} - \sqrt[3]{log_2 x} - 6 = 0 \Leftrightarrow 2\sqrt[3]{2\frac{log_2^2 x}{16}} - \sqrt[3]{log_2 x} - 6 = 0$$

$$\Leftrightarrow 2\sqrt[3]{\frac{log_2^2 x}{8}} - \sqrt[3]{log_2 x} - 6 = 0 \Leftrightarrow \sqrt[3]{log_2^2 x} - \sqrt[3]{log_2 x} - 6 = 0$$

También es "conveniente" un cambio de variable $y = \sqrt[3]{log_2 x}$ de aquí la ecuación:

$$y^2 - y - 6 = 0$$

Ⓟ Finalice el lector la ecuación y verifique el resultado: $x_1 = 2^{27}$; $x_2 = 2^{-8}$.

✍(28). Hallar el conjunto solución de la ecuación: $log_3(2x - 1) - log_3(x - 1) = 1$.
Nuevamente es "conveniente" hacer transformaciones aplicando las propiedades dadas de las leyes de las operaciones con logaritmos:

$log_3 \frac{2x-1}{x-1} = 1$ aquí no se requiere hacer cambio de variable, de la igualdad se infiere que: $\frac{2x-1}{x-1} = 3^1$ aplicando la equivalencia entre expresiones exponeciales y logarítmicas.

Continuando el desarrollo de la ecuación: siendo $x \neq 1$, $2x - 1 = 3(x - 1)$

$$\Leftrightarrow 2x - 3x = -3 + 1 \Leftrightarrow x = 2.$$

✖ (67). Halle el conjunto solución de las siguientes ecuaciones:

    a) $\log x - \log 36 = 3$

    b) $log(\sqrt{x}) - log(\sqrt{5}) = \frac{1}{2}$

    c) $log(\sqrt{3x + 10}) - log(\sqrt{x + 2}) = 1 - \log 5$

    d) $log(3x + 1) - log(2x - 3) = 1 - \log 5$

    e) $log(2x + 1)^2 + log(3x - 4)^2 = 2$

f) $\dfrac{\log\left(16-x^2\right)}{\log\left(3x-4\right)} = 2$

g) $(x^2 - 5x + 9)\log(2) + \log(125) = 3$

h) $2\log(x) - \log(32) = \log\left(\dfrac{x}{2}\right)$

i) $\log\left(2^{(2-x)}\right)^{(2+x)} + \log(1250) = 4$

j) $5\log\left(\dfrac{x}{2}\right) + 2\log\left(\dfrac{x}{3}\right) = 3\log(x) - \log\left(\dfrac{32}{9}\right)$

k) $\dfrac{\log(2)+\log\left(11-x^2\right)}{\log(5-x)} = 2$

♌ (14). En la tabla aparecen cuatro funciones y se adjuntan sus gráficos, pero hay gráficos cuyos números no coincide con el la función. Si usted determina los puntos donde cada función intercepta al eje de las abscisas podrá ordenarlos.

Ecuaciones	
1)	$f(x) = \log_2 x - 8\log_{x^2} 2 - 3$
2)	$g(x) = \log_{\sqrt{x}} 2 + 4\log_4 x^2 + 9$
3)	$h(x) = \log_x(3)\cdot\log_{\frac{x}{3}}(3) + \log_{\frac{x}{81}}(3)$
4)	$k(x) = \left(\log(x^3)\right)^2 - 20\log\left(\sqrt{x}\right) + 1$

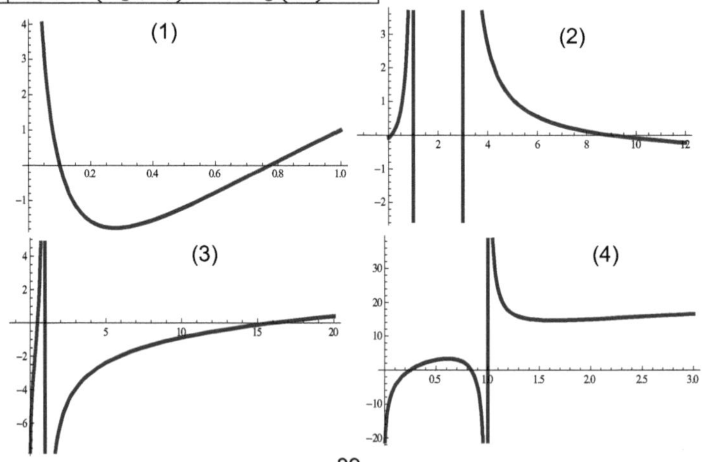

Inecuaciones logarítmicas

✎(42). Son inecuaciones logarítmicas las que se pueden reducir a una de las siguientes formas $log_a f(x) > b \quad o \quad log_a f(x) < b \ \ con \ a > 0 \ y \ a \neq 1$.

✍Las inecuaciones se descomponen en sistemas de inecuaciones del siguiente modo:		
	$a > 1$	$0 > a < 1$
$log_a f(x) > b$	$\begin{cases} f(x) > 0 \\ f(x) > a^b \end{cases}$	$\begin{cases} f(x) > 0 \\ f(x) < a^b \end{cases}$
$log_a f(x) < b$	$\begin{cases} f(x) > 0 \\ f(x) < a^b \end{cases}$	$\begin{cases} f(x) > 0 \\ f(x) > a^b \end{cases}$

✍Algoritmo general de solución de las inecuaciones logarítmicas:

Pasos del algoritmo	**Ejemplo**
.	$log_4^2 x - log_2 x - 15 > 0$
1. Realizar trasformaciones "convenientes y necesarias" en las expresiones logarítmicas que aparecen en la ecuación (particularmente realizar cambio de base, etc.)	$\left(\dfrac{log_2 x}{log_2 4}\right)^2 - log_2 x - 15 > 0$ $\dfrac{1}{4} log_2^2 x - log_2 x - 15 > 0$
2. De ser "conveniente" hacer un cambio de variables del tipo $y = log_a x$.	$y = log_2 x$ $\dfrac{1}{4} y^2 - y - 15 > 0$
3. Resolver la ecuación algebraica.	En este caso las soluciones son: $y > 10 \ o \ y < -6$
4. Sustituir cada valor obtenido en la variable cambiada.	$log_2 x > 10$ o $log_2 x$
5. Resolver las ecuaciones logarítmicas obtenidas	$log_2 x > 10 \Leftrightarrow x > 2^{10}$ o $log_2 x < -6 \Leftrightarrow x < 2^{-6}$ $S = \{x \in \mathbb{R} : x \in \ ]0; 2^{-6}[\ \cup \ ]2^{10} \ ; \ +\infty[\}$

Una generalización de las inecuaciones logarítmicas estudiadas en cuando se tiene una inecuación del tipo $log_{g(x)} f(x) > c \quad ó \quad log_{g(x)} f(x) < c$ con las siguientes condiciones: $f(x) \ y \ g(x) \ dos \ polinomios, \ c \in \mathbb{R}, \ f(x) > 0, g(x) > 0 , g(x) \neq 1$.

	$g(x) > 1$	$0 > f(x) < 1$
$log_{g(x)} f(x) > c$	$\begin{cases} f(x) > 0 \\ f(x) > (g(x))^c \end{cases}$	$\begin{cases} f(x) > 0 \\ f(x) < (g(x))^c \end{cases}$
Ⓟcomplete la tabla para $log_{g(x)} f(x) < c$		

(29). Hallar el conjunto solución de $log_x \left(2x - \frac{3}{4}\right) > 2$.

Siguiendo el algoritmo planteado se tiene:

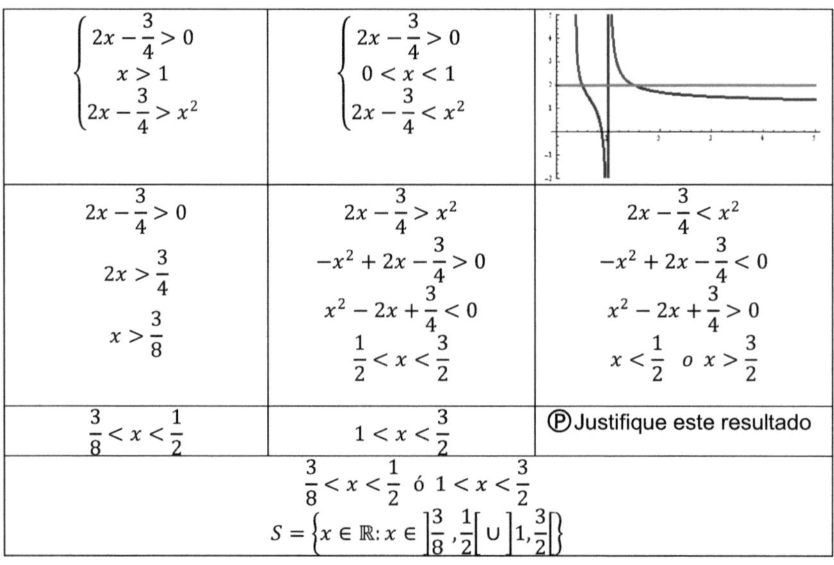

$$\begin{cases} 2x - \dfrac{3}{4} > 0 \\ x > 1 \\ 2x - \dfrac{3}{4} > x^2 \end{cases} \qquad \begin{cases} 2x - \dfrac{3}{4} > 0 \\ 0 < x < 1 \\ 2x - \dfrac{3}{4} < x^2 \end{cases}$$

$2x - \dfrac{3}{4} > 0$ $2x > \dfrac{3}{4}$ $x > \dfrac{3}{8}$	$2x - \dfrac{3}{4} > x^2$ $-x^2 + 2x - \dfrac{3}{4} > 0$ $x^2 - 2x + \dfrac{3}{4} < 0$ $\dfrac{1}{2} < x < \dfrac{3}{2}$	$2x - \dfrac{3}{4} < x^2$ $-x^2 + 2x - \dfrac{3}{4} < 0$ $x^2 - 2x + \dfrac{3}{4} > 0$ $x < \dfrac{1}{2} \ o \ x > \dfrac{3}{2}$
$\dfrac{3}{8} < x < \dfrac{1}{2}$	$1 < x < \dfrac{3}{2}$	ⓅJustifique este resultado

$$\frac{3}{8} < x < \frac{1}{2} \ \text{ó} \ 1 < x < \frac{3}{2}$$

$$S = \left\{ x \in \mathbb{R} : x \in \left]\frac{3}{8}, \frac{1}{2}\right[\cup \left]1, \frac{3}{2}\right[\right\}$$

✖ (68).

a) Halla todas las abscisas no negativas que hacen que los puntos de la curva $f(x)$ se encuentren, en el gráfico, por encima de los de $g(x)$.

$$f(x) = log_4 \frac{x^3 - 19x - 30}{x^2 - 4} \qquad g(x) = (x + 2)^2 - x^2 - 4x - 3 .$$

b) ¿Cuáles son los números reales que satisfacen la desigualdad

$log_2(2 - log_4 x) \leq 2$?

c) Existe un único intervalo de números reales que satisface:

$\dfrac{1}{log_2 x} - \dfrac{1}{log_2(x-1)} > 1$. Halla dicho intervalo.

d) Para cuáles x reales con $x < 2$ se cumple que $\dfrac{2x^2+x-6}{x^2+x} \leq 10^{1-log\,2}$.

Resuelve las siguientes desigualdades:

e) $log_5(2x + 5) > log_5(16 - x^2) - 1$

f) $log_{(x^2+1)}(7x^2 - 3) < 2$

g) $log_{\frac{1}{2}} x + log_3 x > 1$

h) $log_3(x^2 - 5x + 6) < 0$

i) $\dfrac{1}{log_2 x} - \dfrac{1}{log_2(x-1)} < 1$

j) $log_x \dfrac{4x+5}{6-5x} < 1$

(15). Resolver en x la inecuación $x^{log_a x+1} > a^2 x$.

Ecuaciones con composición de funciones

(43). Dadas dos funciones **f** y **g**, la **función compuesta** fog (también conocida como **composición** de **f** y **g**) está definido por: $(f \circ g)(x) = f(g(x))$. En el esquema adjunto se ilustra la composición de dos funciones.

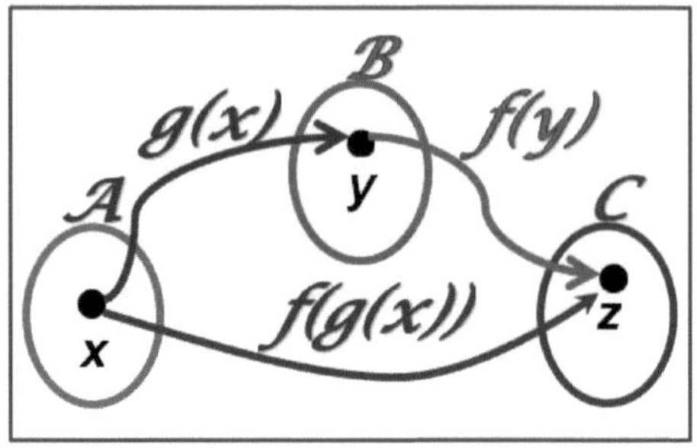

Sea el siguiente ejemplo:
$$f(x) = x^2 - 3x + 2$$
$$g(x) = 3^x$$
$$f(g(x)) = (3^x)^2 - 3(3^x) + 2$$
$$f(g(x)) = (3^{2x}) - (3^{x+1}) + 2$$

El gráfico adjunto muestra las funciones f y g y la composición fog.

Ⓟ Para estas funciones halle $g(f(x))$. ¿Es $f(g(x)) = g(f(x))$?

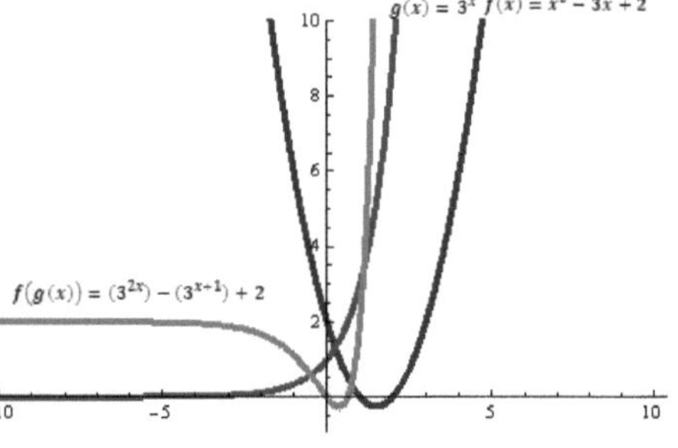

✍Procedimiento para resolver ecuaciones formadas por una composición de funciones.

En realidad no hay un procedimiento único para este tipo de ecuaciones, generalmente el cambio de variables se adapta a muchos de ellos o los métodos de solución indicados para determinado tipo de ecuación, ejemplo, la ecuación que se puede formar de la composición de funciones anteriores es una típica ecuación exponencial, pero hay otros casos como los siguientes:

$\clubsuit$(30). Hallar el conjunto solución de la siguiente ecuación:

$$\sqrt{log_2\left(\frac{2x^2 - 4x - 6}{4x - 11}\right)} = 1 \,.$$

Se pueden dar los siguientes pasos:

a) Determinar o hacer un esbozo del dominio de la función que aparece en la ecuación, particularmente de sus valores inadmisible.

b) Identificar las funciones que están presente por las distintas partes de las expresiones que conforman la ecuación, en este caso se tiene:

  ✓ Una expresión irracional. (Llamémosla I)
  ✓ Una expresión logarítmica.(L)
  ✓ Una expresión racional (R).

c) Puede resultar ilustrativo utilizar una notación auxiliar para caracterizar la ecuación, en este caso puede expresarse de la forma I(L(R)).

d) Al dar inicio a la resolución de la ecuación lo indicado es comenzar por el tipo de expresiones exteriores aplicando a estas el método de resolución indicado. Para el caso se comenzaría por:

  ✓ La expresión irracional, para lo que se emplea como método estándar la racionalización, o sea, elevar ambos miembros de la ecuación a la potencia que indique el radical.

  ✓ Posteriormente se procede con la logaritmación en cuya solución se emplea o un cambio de variable o la aplicación del concepto de logaritmo transformándola en una exponencial.

  ✓ Finalmente se debe tener una ecuación racional, que requiere la eliminación de los denominadores para obtener un polinomio.

  ✓ Resolver la ecuación polinómica y comprobar los resultados.

Este es plan de solución puede tener cambios durante el proceso de cálculo, pero es preferible modificar un plan que enfrentase a resolver un problema sin tenerlo.

e) Ejecutar el plan:

✓ Para el caso lo más significativo del dominio es que por anular el número $\frac{11}{4}$ al denominador de la expresión racional, este valor no puede formar parte de la solución.

✓ Elevando al cuadrado se tiene:

$$log_2\left(log_2\left(\frac{2x^2 - 4x - 6}{4x - 11}\right)\right) = 1$$

✓ Al transformar la expresión logarítmica se obtiene:

$$\frac{2x^2 - 4x - 6}{4x - 11} = 2^1$$

✓ Resolviendo la ecuación racional se llega al siguiente resultado:

$$\frac{2x^2 - 4x - 6}{4x - 11} = 2 \Leftrightarrow 2x^2 - 4x - 6 = 2(4x - 11) \; con \; x \neq \frac{11}{4}$$

$$2x^2 - 12x + 16 = 0 \Leftrightarrow x = 2 \; o \; x = 4$$

$$S = \{2, 4\}$$

♪(31). Hallar el conjunto solución de la siguiente ecuación:

$$1 = \sqrt{1 - \sqrt{4^{x+1} - 7 \cdot 16^x} + 2^x} \, .$$

Un análisis de esta ecuación puede llevar a que en la misma parecen:

a) Expresiones irracionales (I)

b) Expresiones exponenciales (E)

Por lo que pudiera expresarse en la notación que se ha empleado que es del tipo I(E), por lo que se tendría que comenzar según lo expresado por racionalizar la expresión elevando al cuadrado ambos miembros de la ecuación, pero es evidente que el proceso de elevar al cuadrado con expresiones exponenciales es complejo, por lo que es conveniente en este caso un típico cambio de variables $y = 2^x$ quedando la ecuación de la siguiente forma $1 = \sqrt{1 - \sqrt{4y^2 - 7y^4} + y} \, .$

Tras la racionalización y simplificación se llega a la ecuación $8y^4 - 4y^3 = 0$.

Factorizando se obtiene $y^3 = 0$ o $y = \frac{1}{2}$. Evidentemente la primera solución es imposible y de la segunda se obtiene la respuesta del ejercicio $x = -1$, la que debe comprobarse en la ecuación original.

ⓅEn la solución de la ecuación anterior se omitieron cálculo que el lector debe hacer, como parte del aprendizaje y ante la posibilidad de errores del autor que escribe este libro, recuerde el primer principio del método de Descartes: "...no recibir como verdadero lo que con toda evidencia no reconociese como tal, evitando cuidadosamente la precipitación y los prejuicios, y no aceptando como cierto sino lo presente a mi espíritu de manera tan clara y distinta que acerca de su certeza no pudiera caber la menor duda."

Por esta misma razón debe comprobar en la ecuación original si la solución encontrada lo es de la ecuación original.

✎(32). Hallar la solución de la siguiente ecuación: $\log_x(2x^{x-2} - 1) + \log_x x^4 = 2x$
Tres tipos de expresiones:

    a) Logarítmicas (L).
    b) Exponenciales (E).
    c) Polinómicas (P)

La notación para clasificarla sería L(E(P)) y comenzando por la más exterior, la expresión logarítmica, que tiene la particularidad de tener la incógnita como base de la expresión.

Aplicando propiedades de los logaritmos la ecuación se transforma en
$$\log_x(2x^{x-2} - 1)x^4 = 2x,$$

de aquí aplicando el concepto de logaritmo se obtiene: $(2x^{x-2} - 1)x^4 = x^{2x}$. Esta última es una ecuación exponencial, (segundo nivel), que para resolverla el agrupamiento conveniente (o cambio de variable si lo prefiere) debe hacerse alrededor de x^x, lo que permite transformar la ecuación en $(x^x)^2 - 2x^x x^2 + x^4 = 0$, expresión que tiene la forma de un trinomio cuadrado perfecto que se descompone de la siguiente forma:

$$(x^x - x^2)^2 = 0 \Rightarrow x^x - x^2 = 0 \Rightarrow x^x = x^2 \Rightarrow x = 2 .$$

✷ (69).

Miscelánea de ecuaciones e inecuaciones

a) (1991-1992) Resuelve la ecuación

$$2^{\log x} \cdot 2^{\log(2x+7)} = 4^{\log(x+2)}$$

b) (1991-1992) Resuelve la ecuación

$$9^{\left(\frac{1}{2}+\log_9 \sqrt{x+4}\right)} - 3^{\left(\log_3 \sqrt{x+1}\right)} = 5 .$$

c) (1993-1994) Resuelve la ecuación

$$\log\left(1 + \sqrt{x+1}\right) = 3 \log \sqrt[3]{x-4} .$$

d) (1992-1993) Halla los valores de x tales que

$$f(x) = \sqrt{\frac{10 - f(x)}{3}}$$

siendo $f(x) = 3x - 4$.

e) (1992-1993) Resuelve la ecuación:

$$\log_{3x}(16x^2 + 13x - 2) - \log_7 49 = 0 .$$

f) (1994-1995) Sean:

$$A = \frac{x^3 - x^2 + x - 1}{x - 8} \quad y \quad B = \frac{1}{x^4 - 1}$$

Halla el mayor número entero negativo x para el cual se cumple $A \cdot B \leq 0$.

g) 📚(1994-1995) Dada la función

$$f(x) = \frac{x^3 + 5x^2 + 8x + 4}{x^2 - 4}.$$

Determina los valores los valores reales de x para los cuales se cumple que
$f(x) \geq 0$.

h) 📚(1995-1996) Sean las funciones:
$$f(x) = 4^{\log\sqrt{2x^2+7x}-\log\sqrt{x}} \ \text{y} \ g(x) = 16^{\log\sqrt{x+2}}$$
Determina los valores de x para los cuales ambas funciones alcanzan el mismo valor.

i) 📚(1995-1996) Resuelve la ecuación
$$\sqrt{\sqrt{4^{x+16}}} = 1.$$

j) 📚(1996-1997) Resuelve la siguiente inecuación
$$\log_3\left|5^{(x-3)^2}\right| \geq \log_3 5^{2x-7} + \log_3 5^{x+2}.$$

k) 📚(1998-1999) Dadas las expresiones:
$$A = \sqrt{36 - x^2} \ \text{y} \ B = \sqrt{x^2 - 3x - 28}.$$
Determina para qué valores de x están definidas simultáneamente ambas expresiones.

l) 📚(1998–1999) Resuelve la inecuación
$$\frac{x}{x-5} - \frac{1}{x-4} \leq \frac{x}{x^2 - 9x + 20}.$$

m) 📚(2001-2002) Sean f y g dos funciones reales dadas por las ecuaciones
$f(t) = \sqrt{t - 2} + 10^{\log(t+3)} \ \text{y} \ (t) = \sqrt{(t - 1)^2 - 21} + t + 3$
   i.   Halla el dominio de la función f.
   ii.   Determina para qué valores de t se cumple que f(t) = g(t)

n) 📚(2001-2002) Sea la función real definida para todos los valores reales de t por la ecuación: $f(t) = 2^t$.
   i.   Verifica que se cumple: $\dfrac{f(\log_2 50)}{\log_2 160 - \log_2 5} = \dfrac{5}{\left(\sqrt{2}\right)^{-2}}$
   ii.   Determina para qué valores de t se cumple: $2f\left(\sqrt{3}t - 2\right) = 2^{2t}$

o) 📚(2002-2003) Dadas la funciones $f(x) = \log_2(x - 3)$ y $g(x) = \log_{0,5}\dfrac{x}{4}$
   i.   Calcula $f(32\sqrt{2} + 3)$.
   ii.   Halla los valores de x para los cuales las imágenes de la función f son menores o iguales que las imágenes de la función g.

p) 📚(2003-2004) Sean las expresiones $C = 2a^3 + 5a^2 - 14a - 8$ y
$D = 5a^3 + 10a^2 - 40a$, siendo a un número real.

Si $E = \dfrac{C}{D}$, halla los valores reales de a para los cuales se cumple que $E \geq 0$.

q) (2004-2005) Sean las funciones reales f y g dadas por las ecuaciones:

$$f(x) = \sqrt{\dfrac{x^2 + 3x - 15}{x + 5} + 3} \quad \text{y} \quad g(x) = log_3(x - \sqrt{x - 1})$$

    i.   Determina el dominio de f.

    ii.   Halla los valores de x para los cuales se cumple que $g(x) = 1$.

r) (2004-2005) Sea f una función real definida por la ecuación:

$$f(x) = \dfrac{\sqrt{x^2 - 16}}{-x + 7} + 2^{log_2\left(\frac{1}{5}x + 1\right)}$$

    i.   Determina el dominio de la función f.

    ii.   ¿Será posible calcular f(1)? Justifica tu respuesta.

    iii.   Calcula f(a) si $a = \dfrac{1}{2}log_3 100 + log_3 24{,}3$

s) (2006-2007) Se tiene la expresión $A(x) = \dfrac{x - 4}{x + 5}$.

    i.   Resuelve la ecuación $4^{A(x)} = 16^x$ $(x \in \mathbb{R})$.

    ii.   Determina para quévalores reales de la variable x se cumple que $A(x) \geq x$.

Sistemas de ecuaciones

(44). Un sistema de ecuaciones es un conjunto de ecuaciones que se verifican
para los mismos valores de las incógnitas. El conjunto de valores de las incógnitas que convierten simultáneamente a todas las ecuaciones de un sistema en
identidades son las soluciones del sistema.

Sean los siguientes sistemas de ecuaciones:

a. $\begin{cases} 3y - 5x = 4 \\ y - 6x = 10 \end{cases}$

Cuyo conjunto solución es el par ordenado
$(-2, -2)$ correspondiente a la intersección de las
rectas representadas en el gráfico adjunto.

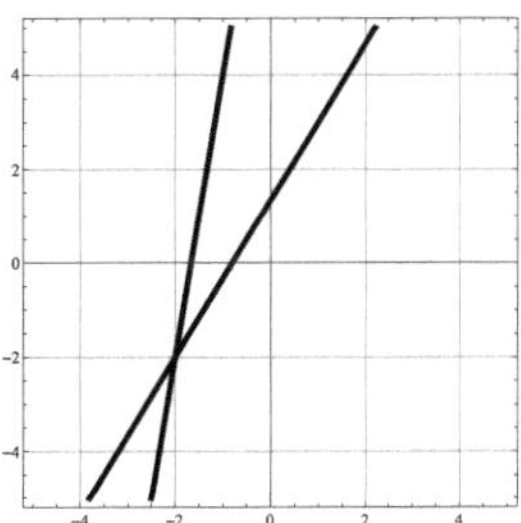

b. $\begin{cases} x + y + z = 0 \\ 6x - 2y + 2z = -4 \\ 2x + 3y - z = 11 \end{cases}$

En este caso la solución es la terna $(1, 2, -3)$ y
representa el punto de intersección de los tres
planos que se muestran en el gráfico.

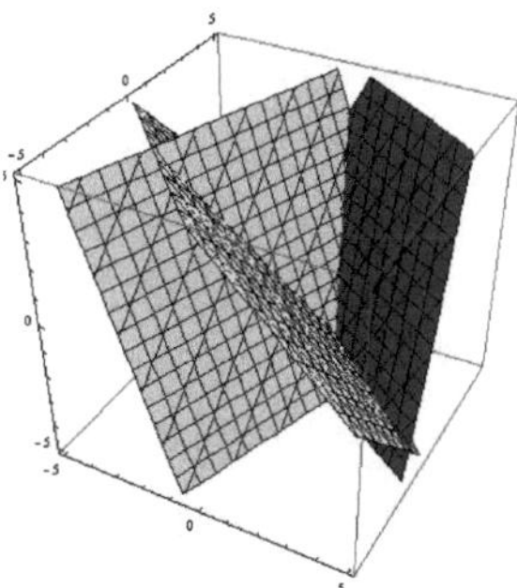

c. $\begin{cases} x^2 + y^2 = 11 \\ \quad yx = 5 \end{cases}$

El sistema ahora no está formado por ecuaciones lineales, por lo que su representación gráfica tiene mayor complejidad como se muestra en el gráfico; ambas curvas se cortan en cuatro puntos, cuyas coordenadas son:

$$\left(\frac{1}{2}(-1-\sqrt{21}),\frac{1}{2}(1-\sqrt{21,})\right)$$

$$\left(\frac{1}{2}(1-\sqrt{21}),\frac{1}{2}(-1-\sqrt{21,})\right)$$

$$\left(\frac{1}{2}(1+\sqrt{21}),\frac{1}{2}(1+\sqrt{21,})\right)$$

$$\left(\frac{1}{2}(1+\sqrt{21}),\frac{1}{2}(-1+\sqrt{21,})\right)$$

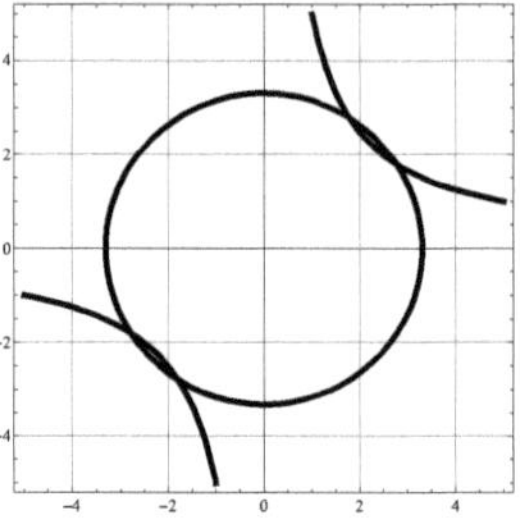

Las expresiones irracionales aproximadas a racionales dan como resultados:

(-2.79129,-1.79129);(-1.79129,2.79129); (1.79129,2.79129); (2.79129,1.79129).

☞ Los sistemas cumplen dos propiedades que son fundamentales a la hora de determinar sus soluciones:

i. Si se cambia cualquier ecuación del sistema por una ecuación equivalente (recuerde, que tiene las mismas soluciones) se obtiene un sistema equivalente, es decir, un sistema que tiene las mismas soluciones que el sistema original.

ii. Si una ecuación de un sistema es equivalente a otras dos ecuaciones (el conjunto solución de la primera es igual a la unión de los conjuntos soluciones de las otras dos), entonces, el sistema original es equivalente a los otros dos sistemas y por tanto su solución es la unión de las soluciones de los nuevos sistemas.

✎ Como esta última propiedad es más compleja analice el siguiente ejemplo:

Sea el sistema: $\begin{cases} x^3 + y^3 = 3(x+y) & (I) \\ x^2 + y^2 = 7 & (II) \end{cases}$

101

Pero la ecuación (I) se puede descomponer del siguiente modo:

$$(x + y)(x^2 - xy + y^2) = 3(x + y) \Leftrightarrow (x + y)(x^2 - xy + y^2) - 3(x + y) = 0$$

De aquí se obtiene:

$$(x + y)\big((x^2 - xy + y^2) - 3\big) = 0 \Rightarrow x + y = 0 \ \ o \ \ x^2 - xy + y^2 = 3$$

De aquí los dos nuevos sistemas de ecuaciones

$$\begin{cases} x + y = 0 & (I') \\ x^2 + y^2 = 7 & (II') \end{cases} \quad \begin{cases} x^2 - xy + y^2 = 3 & (III') \\ x^2 + y^2 = 7 & (IV') \end{cases}$$

Cada uno de los nuevos sistemas es más sencillo que el sistema original y la unión de las soluciones de cada uno de ellos es la solución del primero. Esta propiedad se convierte de hecho en método para revolver sistemas de ecuaciones.

ⓟ Aunque posteriormente se explicará la vía para resolver los sistemas de ecuaciones, pero a estas alturas usted tiene conocimientos como para terminar de resolver este sistema. Una alternativa puede ser, despejar y en (I') y sustituir en (II') y posteriormente multiplicar por (-1) la ecuación (III') y sumarla con (IV'). Tome la iniciativa y resuelva el sistema.

Sistemas de ecuaciones lineales. Solución

✒(45) Los sistemas de ecuaciones lineales son de la forma.

$$\begin{cases} a_{11}x_1 + a_{12}x_2 + a_{13}x_3 + \cdots + a_{1n}x_n = b_1 \\ \qquad \ldots \ldots \ldots \ldots \ldots \ldots \ldots \ldots \ldots \ldots \\ a_{s1}x_1 + a_{s2}x_2 + a_{s3}x_3 + \cdots + a_{sn}x_n = b_s \end{cases}$$

El n-plo ordenado $(k_1, k_2, k_3, k_4, k_5, \ldots, k_n)$ es solución del sistema si al sustituir los k_i en lugar de las incógnitas $x_1, x_2, x_3, x_4, x_5, \ldots, x_n$ las ecuaciones del sistema se convierten en identidad.

Métodos de solución

Los sistemas lineales de ecuaciones han sido muy estudiados y existen algoritmos establecidos para su solución, pero en este epígrafe se mostrarán los que resulten prácticos para la solución manual de sistemas y los que puedan transferirse a otros sistemas para comenzar a ejemplificarlos a partir de ecuaciones sencillas.

<u>Método gráfico:</u>

Cuando se trata de un sistema de dos ecuaciones lineales, dada las facilidades de determinar el gráfico de una recta conociendo dos puntos, es posible graficar el comportamiento del mismo y obtener al menos el valor aproximado de las soluciones.

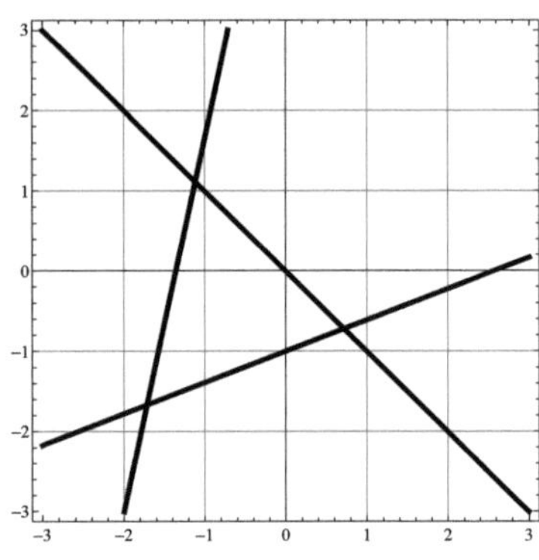

Ⓟ De un valor aproximado de los puntos donde se cortan las rectas del gráfico adjunto donde se representan las soluciones de tres sistemas de ecuaciones lineales.

<u>Método de sustitución:</u>

Se sustenta este método en el llamado principio de sustitución que se enuncia en el siguiente teorema:

🕿(46). Si en un sistema se resuelve una ecuación respecto a una incógnita y el valor obtenido se sustituye en las demás ecuaciones se obtiene un sistema equivalente al primero.

↶Observe que el objetivo esencial de todos los métodos de solución de sistemas de ecuaciones es la transformación del sistema inicial en otro u otros equivalentes a este, más simplificados y con menos incógnitas.

103

♪(33). Resolver el siguiente sistema $\begin{cases} 3y - 5x = 4 & (1) \\ y - 6x = 10 & (2) \end{cases}$

Despejar una incógnita en una de las dos ecuaciones:	Evidentemente en la ecuación (2) resulta más fácil despejar la variable "y" $$y = 6x + 10$$
Sustituir el valor correspondiente a esta variable en la otra ecuación.	En este caso sustituyendo en la ecuación (1) se tiene: $$3(6x + 10) - 5x = 4$$
Realizar las simplificaciones necesarias y resolver la ecuación.	$$2 + x = 0 \Leftrightarrow x = -2$$
Sustituir el valor obtenido en la expresión obtenida al despejar inicialmente la variable seleccionada.	$$y = 6(-2) + 10 = -2$$ $$S = (-2, -2)$$
Realmente el proceso que se ha seguido ha transformado el sistema original en un sistema equivalente de fácil solución. La aplicación del principio de sustitución confirma que el sistema obtenido es equivalente al original y por tanto las soluciones de este último sistema son las buscadas.	En este caso el sistema equivalente al original es: $$\begin{cases} 2 + x = 0 & (1') \\ y = 6x + 10 & (2') \end{cases}$$ Ⓟ Sustituya los valores obtenidos (-2,-2) por las variables "x" y "y" del sistema planteado y compruebe que son soluciones del mismo.

Método de reducción, también llamado de adición y substracción:

Al igual que el método de sustitución, el de reducción se basa en otro teorema que también garantiza obtener sistemas equivalentes:

🐾(47). Si en un sistema de ecuaciones se sustituye una ecuación cualquiera por la que resulte de sumar a ésta, término a término, los de otra multiplicados por un factor $\lambda \neq 0$, el nuevo sistema es equivalente al transformado.

✍Observe que este teorema garantiza que mediante la multiplicación de una ecuación por un factor diferente de cero y la adición del resultado a otra ecuación se obtiene un sistema equivalente al inicial; pero el método que se estudia tiene por objetivo reducir la cantidad de variables del sistema, es por ello que el problema ahora es determinar el valor $\lambda \neq 0$ "más conveniente", de modo que multiplicado por el coeficiente de la variable que se desea "eliminar", se obtenga un valor que sumado o restado con el correspondiente a la ecuación que se desea transformar se obtenga el valor cero (0).

♪(33). Resolver el siguiente sistema $\begin{cases} 3y - 5x = 4 & (1) \\ y - 6x = 10 & (2) \end{cases}$

Determinar la incógnita que por las características de los coeficientes es más fácil para transformar y eliminar	En este caso la variable "y" cumple esta condición y en particular la ecuación $$y - 6x = 10$$ es la adecuada como ecuación pivotal[6].
Multiplicar la ecuación pivotal por el conveniente valor $\lambda \neq 0$.	$-3y + 18x = -30 \quad \| \ (2) * (\lambda = -3)$
Sumar las dos ecuaciones	$\begin{array}{r} 3y - 5x = 4 \\ \underline{-3y + 18x = -30} \\ 13x = -26 \end{array}$
Obtención del sistema equivalente al inicial.	$\begin{cases} 13x = -26 & (1') \\ y - 6x = 10 & (2) \end{cases}$
Resolver el nuevo sistema	De (1') se tiene $x = \dfrac{-26}{13} = -2$ Sustituyendo en (2): $$y = 6(-2) + 10 = -2$$ $$S = (-2, -2)$$

⚘En el cuarto paso se plantea: "**Obtención del sistema equivalente al inicial**" y se marca en negritas, porque en la generalidad de los textos, al parecer por la premura para obtener la solución del sistema se omite este paso, que si bien no influye en los resultados, por su trascendencia conceptual se remarca aquí, porque según el teorema en el que se basa el método, la ecuación transformada (1') y la ecuación pivotal (2) forman el nuevo sistema equivalente al inicial, y es la solución de este la que conduce al resultado deseado. Puede que después de obtener en el tercer paso la ecuación $13x = -26$ el alumno pueda dar el resultado final

---

[6]**pivote.** (Del fr.*pivot*). m. Extremo cilíndrico o puntiagudo de una pieza, donde se apoya o inserta otra, bien con carácter fijo o bien de manera que una de ellas pueda girar u oscilar con facilidad respecto de la otra. Pívot es el jugador atacante y defensa en un equipo de baloncesto o atacante en un equipo de balonmano. Por analogía, se llama ecuación pivotal a la que se utiliza para transformar un sistema y pivote es el coeficiente transformado para eliminar la variable escogida

sin plantear nuevamente el sistema, la cadena de equivalencias lo justifica, pero debe estar consciente de lo que está haciendo, de ahí la insistencia.

🛠 (70). Resolver los siguientes sistemas de ecuaciones.

a) $\begin{cases} 7x + 8y = 83 \\ 2x - y = 4 \end{cases}$ b) $\begin{cases} 5x - 13\,y = -2 \\ 4x + 3y = 52 \end{cases}$

c) $\begin{cases} \frac{2x+y}{3} + \frac{x-2y}{4} = \frac{5}{3} \\ \frac{2x+y}{5} + \frac{2x-y}{4} = \frac{7}{4} \end{cases}$ d) $\begin{cases} \frac{\sqrt{x+y}}{2} + \sqrt{x-y} = 1 + \frac{\sqrt{5}}{2} \\ \sqrt{x+y} - \frac{\sqrt{x-y}}{2} = -\frac{1}{2} + \sqrt{5} \end{cases}$

e) $\begin{cases} x + y = a - b \\ \frac{x}{b+a} + \frac{y}{b-a} = -1 \end{cases}$ f) $\begin{cases} ax + by + cz = d \\ px = qy = rz \end{cases}$

g) $\begin{cases} x + y = 6 \\ y + z = 13 \\ z + x = 3 \end{cases}$ h) $\begin{cases} x^2 + y + y^2 = 29 \\ 3x^2 + 2y = 35 \\ x + 2y^2 = 35 \end{cases}$

Gráfico del sistema (d)

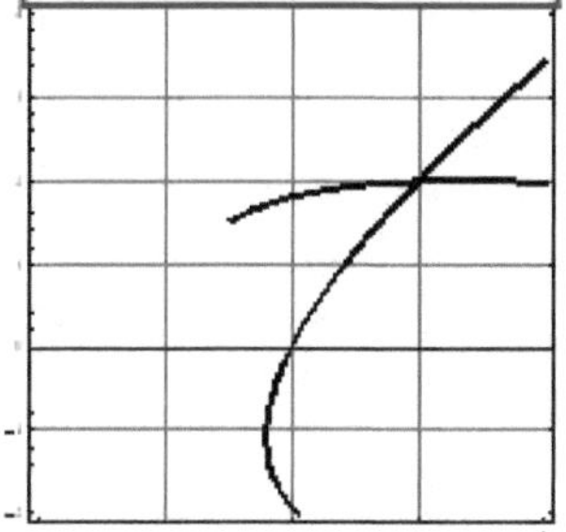

Gráfico del sistema (h)

Método de Gauss.

Cuando los sistemas de ecuaciones lineales tienen más de dos ecuaciones los métodos anteriores deben perfeccionarse, existen para ello una amplia teoría al respecto, particularmente relacionadas con determinantes y matrices, pero el método de Gauss por su nivel práctico y eficiente se impone.

Los fundamentos de este método corresponden al Álgebra Lineal, pero lo que se va a exponer se basa en una generalización del método de reducción con algunas adaptaciones que aunque tiene un fundamento matemático, prevalece el valor de aplicación práctica. A continuación se expondrán los elementos conceptuales esenciales y posteriormente como es costumbre un ejemplo resuelto.

Un sistema de ecuaciones lineales tiene la siguiente estructura:

$$
\begin{array}{llllll}
a_{11}x_1 & + a_{12}x_2 & + a_{13}x_3 & + a_{14}x_4 & + \ldots & + a_{1n}x_n & = b_1 \\
a_{21}x_1 & + a_{22}x_2 & + a_{23}x_3 & + a_{24}x_4 & + \ldots & + a_{2n}x_n & = b_2 \\
a_{31}x_1 & + a_{32}x_2 & + a_{33}x_3 & + a_{34}x_4 & \ldots & + a_{3n}x_n & = b_3 \\
\ldots & + \ldots & + \ldots & + \ldots & + \ldots & + \ldots & = \ldots \\
a_{(n-1)1}x_1 & + a_{(n-1)2}x_2 & + a_{(n-1)3}x_3 & + a_{(n-1)4}x_4 & + \ldots & + a_{(n-1)n}x_n & = b_{(n-1)} \\
a_{n1}x_1 & + a_{n2}x_2 & + a_{n3}x_3 & + a_{n4}x_4 & \ldots & + a_{nn}x_n & = b_n
\end{array}
$$

<u>El primer paso del método de Gauss</u> consiste en transformar este sistema en otro equivalente de la siguiente forma.

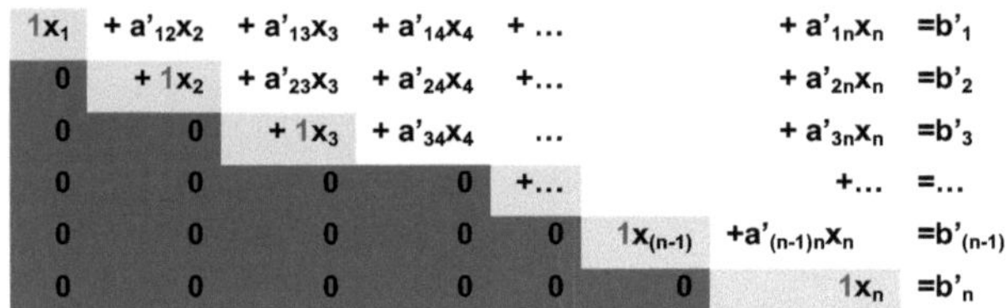

En este sistema se destacan los siguientes elementos:

i. Los a_{ii} se han transformado en 1.

ii. A partir de la primera fila todos los a_{ij} que cumplen la condición de ser i<j se han transformado en 0.

iii. Las dos transformaciones anteriores han provocado cambios en los restantes coeficientes.

Mediante estas transformaciones del sistema $\begin{cases} x + y + z = 0 \\ 6x - 2y + 2z = -4 \\ 2x + 3y - z = 11 \end{cases}$ planteado al ini-

cio del epígrafe se llega al sistema equivalente $\begin{cases} x + y + z = 0 \\ 0 + y + \frac{1}{2}z = \frac{1}{2} \\ 0 + 0 - 7z = 21 \end{cases}$ el cual cumple

las condiciones planteadas. A continuación se muestran las transformaciones realizadas para obtener este sistema.

$(34).\begin{cases} x + y + z = 0 \qquad (1) \\ 6x - 2y + 2z = -4 \quad (2) \\ 2x + 3y - z = 11 \qquad (3) \end{cases}$	En este sistema el primer coeficiente de la ecuación (1), no se requiere hacer transformaciones porque es 1.
$\begin{cases} x + y + z = 0 \qquad (1) \\ (1)*[-6]+(2) \to 0 - 8y - 4z = -4 \;\; (2') \\ (1)*[-2]+(3) \to \;\; 0 + y - 3z = 11 \;\; (3') \end{cases}$	Tomado la ecuación (1) como pivote se multiplica primero por (-6) y se suma a (2) y posteriormente se multiplica por (-2) y se suma a (3). El objetivo es transformar en "0" los primeros elementos de las filas 2 y 3.
$\begin{cases} x \;+ y \;+ z \;= 0 \qquad (1) \\ \dfrac{(2')}{[-8]} \to 0 + y + \dfrac{1}{2}z = \dfrac{1}{2}(2'') \\ 0 + y - 3z = 11 \;\; (3') \end{cases}$	Como el primer coeficiente de la ecuación (2') no es 1, "conviene" transformar la ecuación en una con primer coeficiente 1 para operar con mayor facilidad convertir en "0" elementos de filas inferiores.
$\begin{cases} x \;+ y \;+ z \;= 0 \,(1) \\ 0 + y + \dfrac{1}{2}z = \dfrac{1}{2}(2'') \\ (2'')*[-1]+(3) \to 0 + 0 - 7z = 21 \;\; (3'') \end{cases}$	A partir de (2''), y aplicando el procedimiento utilizado, se transforma en "0" el coeficiente a_{32} obteniéndose de este modo una matriz triangular superior, es decir, los coeficientes a_{11}, a_{22}, a_{33} son 1, los a_{ij} por "debajo" de estos coeficientes son ceros y por encima diferentes de cero.
$\begin{cases} x + y + z \;= 0 \\ 0 + y + \dfrac{1}{2}z = \dfrac{1}{2} \\ 0 + 0 - 7z = 21 \end{cases}$	De lo anterior resulta el sistema que se muestra. Observe que la última ecuación tiene una sola variable, la penúltima dos y es la primera la que tiene las tres variables iniciales.

El segundo paso del método de Gauss consiste en despejar gradualmente las variables desde la ecuación (n) hasta la (1), porque como se ha hecho observar en esta última ecuación hay una sola incógnita, dos en la (n-1) y así sucesivamente como se ilustra en la conclusión del ejemplo:

	El sistema transformado permite obtener las soluciones.
$\begin{cases} x+y+z = 0 \\ 0+y+\dfrac{1}{2}z = \dfrac{1}{2} \\ 0+0-7z = 21 \end{cases}$	
Despejando en la última ecuación	$-7z = 21 \Longleftrightarrow z = -3$
Sustituyendo el valor obtenido en la penúltima ecuación se calcula el valor correspondiente a la segunda variable.	$y+\dfrac{1}{2}z = \dfrac{1}{2}$ $y = -\dfrac{1}{2}(-3)+\dfrac{1}{2} = 2$
Sustituyendo los dos valores obtenidos en la primera ecuación se calcula el valor correspondiente a la primera variable.	$x+y+z = 0$ $x+2+(-3) = 0$ $x = 1$ $S = \{(1,2,-3)\}$

🎖 (16).

(a) El sistema $\begin{cases} 2x_1 - 4x_2 + x_3 = -4 \\ 4x_1 - 8x_2 + 7x_3 = 2 \\ -2x_1 + 4x_2 - 3x_3 = 5 \end{cases}$ no tiene solución, demuestre esta afirmación

intentando resolverlo por el método de Gauss.

(b) El sistema $\begin{cases} 3x_1 + 6x_2 - 9x_3 = 15 \\ 2x_1 + 4x_2 - 6x_3 = 10 \\ -2x_1 - 3x_2 + 4x_3 = -6 \end{cases}$ tiene infinitas soluciones, demuestre esta

afirmación intentando resolverlo por el método de Gauss.

Sugerencia: Lo anterior se constata porque al finalizar el proceso de simplificación para obtener el sistema equivalente, se llegará a un sistema de dos ecuaciones con tres incógnitas, si en este sistema se sustituye x_3 por un parámetro t $(x_3 = t)$ se obtiene entonces un sistema que usted debe completar y que queda expresado del siguiente modo:

$\begin{cases} x_1 = \underline{\quad} \\ x_2 = \underline{\quad} \\ x_3 = t \end{cases}$ *Usted debe además comprobar en el sistema original que para*

cualquier valor de t estos tres valores x_1, x_2 y x_3 lo satisfacen. También

podrá constatar que los valores $\begin{cases} x_1 = -3 \\ x_2 = 4 \\ x_3 = 0 \end{cases}$, $\begin{cases} x_1 = -5 \\ x_2 = 8 \\ x_3 = 2 \end{cases}$ *y* $\begin{cases} x_1 = -8{,}4 \\ x_2 = 14{,}8 \\ x_3 = 5{,}4 \end{cases}$ *son solu-*

ciones particulares del sistema. De usted otras soluciones particulares.

�֍ (71). Resolver los siguientes sistemas de ecuaciones:

a) $\begin{cases} 12x - 8y + 20z = 0 \\ 43x + 20y + 15z = 8 \\ 45x + 8y + 25z = 12 \end{cases}$

b) $\begin{cases} -2a - 3b - 3c = 24 \\ 3a - 2b \; - 5c = 31 \\ -4a - b - 5c = 28 \end{cases}$

c) $\begin{cases} -3x - 3y - 4z \qquad = 15 \\ 4x - 5y \qquad - v = 3 \\ 3y - 4z \qquad = 9 \\ 5y \qquad + 2v = -1 \end{cases}$

d) $\begin{cases} -2a - 5b + 4c - d - 4e = 8 \\ -3a - 2b - 2c + 4d \qquad = 7 \\ 2a + 2b - 2c - d \; - e \quad = 4 \\ 4a + 3b + 2c + 5d - 4e = 8 \\ 3a - b - 5c \; - 5d - 5e \; = 14 \end{cases}$

e) Hallar la ecuación de la recta $Ax + By + C = 0$ que pasa por los puntos:

$$H\left(-\frac{1}{2}, -\frac{7}{12}\right); K\left(\frac{2}{3}, -\frac{7}{18}\right); M\left(-\frac{1}{5}, -\frac{8}{15}\right)$$

Hallar los parámetros de la función $f(x) = ax^2 + bx + c$ para que su gráfica pase por los puntos $H\left(4,\ 3\frac{5}{6}\right); K(3,2); M\left(-5, 11\frac{1}{3}\right)$.

♻ (17). Halle los valores reales o complejos que hacen cero la imagen de la función $f(x) = ax^2 + bc + c$ cuyo gráfico pasa por $H\left(\frac{1}{2},\ 2\right); K\left(\frac{1}{4}, 4\right); M\left(\frac{1}{8},\ 8\right)$.

Sugerencia: Observe que para el punto H la ecuación es:

$$\left(\frac{1}{2}\right)^2 a + \frac{1}{2}b + c = 2.$$

Por otro lado, si es observador, se ha podido percatar que existe una ley de formación que relaciona x con $f(x)$, que puede expresarse así: $\frac{1}{k} \to k$ donde los k también tienen una ley de formación. Deduzca cuál es el comportamiento de los parámetros de las funciones que cumplen las condiciones dadas anteriormente.

Sistemas de ecuaciones no lineales

A diferencia de los sistemas de ecuaciones lineales, para los no lineales no existe ningún método de solución general que sea realmente práctico, por lo que para resolver cada uno se necesita utilizar procedimientos especiales de solución, aunque la práctica permite inferir ciertos procedimientos que ayudan en la búsqueda de la vía de solución, algunos pueden ser:

✒(35). Sistema de una ecuación lineal y una cuadrática:

$$\begin{cases} x^2 + y^2 + 8x - 2y - 44 = 0 & \text{(I)} \\ y - x - 4 = 0 & \text{(II)} \end{cases}$$

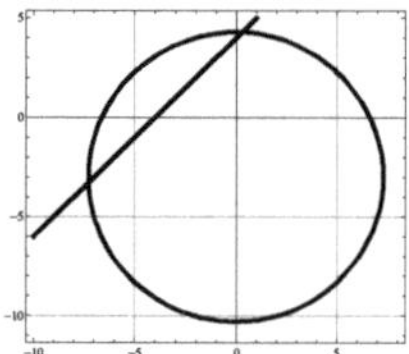

Aunque esta información corresponde a nivel superior pero la solución del sistema se corresponde con la intersección de una circunferencia[7] con una recta.

Como método general de la solución de problemas está la transformación de un problema de modo que se reduzca a otro ya resuelto; en este caso la transformación debe tal que se obtenga una ecuación en una variable, problema ya resuelto.

Despejar una variable en la ecuación de menor complejidad.	$y - x - 4 = 0$ $y = x + 4$ *(III)*
Sustituir la variable despejada en la ecuación de más complejidad (I).	$x^2 + (x + 4)^2 + 8x - 2(x + 4) - 44 = 0$
Desarrollar las transformaciones correspondientes	$x^2 + x^2 + 8x + 16 + 8x - 2x - 8 - 44 = 0$ $x^2 + 7x - 18 = 0$
Determinar las raíces de la ecuación	$(x - 9)(x - 2) = 0 \Rightarrow x_1 = -9 \text{ o } x_2 = 2$
Sustituyendo en (III)	$y_1 = -9 + 4 = -5$ $y_2 = 2 + 4 = 6$
Concluir el ejercicio	Las coordenadas de los puntos de intersección son $(-9; -5)$ y $(2; 6)$

---

[7] La ecuación de una circunferencias con centro en (h, k) y radio r viene dada por la ecuación $(x - h)^2 + (y - k)^2 = r^2$.

En ocasiones tal despeje de una variable no es tan sencillo y evidente como ocurre con el siguiente sistema de ecuaciones:

$$\clubsuit(36). \begin{cases} x^2 - 5xy + 4y^2 = 0 \quad (I) \\ x^2 - 15y^2 - x + 11y = -4 \quad (II) \end{cases}$$

Siguiendo los mismos pasos del ejercicio anterior se tiene:

Despejar una variable en la ecuación de menor complejidad.	$x^2 - (5y)x + 4y^2 = 0$ Si se consideran constante los términos en "y" se tiene una ecuación de segundo grado cuya solución es: $$x_{1,2} = \frac{5y \mp \sqrt{(5y)^2 - 4(4y^2)}}{2}$$ $$x_{1,2} = \frac{5y \mp \sqrt{9y^2}}{2} = \begin{cases} x_1 = 4y \\ x_2 = y \end{cases}$$
Sustituir la variable despejada en la ecuación de más complejidad (I).	$(4y)^2 - 15y^2 - 4y + 11y = -4 \quad (III)$ $(y)^2 - 15y^2 - y + 11y = -4 \quad (IV)$
Desarrollar las transformaciones correspondientes	$y^2 + 7y + 4 = 0 \quad (III)$ $-14y^2 + 10y + 4 = 0 \quad (IV)$
Determinar las raíces de la ecuación	$$y_1 = \frac{-7 + \sqrt{33}}{2} \ o \ y_2 = \frac{-7 - \sqrt{33}}{2} \quad (III)$$ $$y_3 = 1 \ o \ y_4 = \frac{-2}{7} \quad (IV)$$
Sustituyendo en (III)	$x_1 = 2\sqrt{33} - 14; \ x_2 = -2\sqrt{33} - 14$ $$x_3 = 1; \ x_4 = \frac{-2}{7}$$
Concluir el ejercicio	Las coordenadas de los puntos de intersección son $\left(2\sqrt{33} - 14; \frac{-7+\sqrt{33}}{2}\right)$; $\left(-2\sqrt{33} - 14; \frac{-7-\sqrt{33}}{2}\right)$; $(1;1)$; $\left(\frac{-2}{7}; \frac{-2}{7}\right)$

Otra manera de resolver el sistema puede ser la siguiente:

1. Al observar la primera ecuación se puede observar que la primera ecuación del sistema es homogénea porque todos sus términos son del mismo grado y por tanto extrayendo y^2 factor común se tiene: $y^2\left(\left(\frac{x}{y}\right)^2 - 5\left(\frac{x}{y}\right) + 4\right) = 0$.

2. El sistema se puede descomponer en:

$$\begin{cases} y = 0 \quad (I) \\ x^2 - 15y^2 - x + 11y = -4 \quad (II) \end{cases} \quad \begin{cases} \left(\frac{x}{y}\right)^2 - 5\left(\frac{x}{y}\right) + 4 = 0 \quad (III) \\ x^2 - 15y^2 - x + 11y = -4 \quad (IV) \end{cases}$$

3. Para el sistema de las ecuaciones (I) y(II), sustituyendo (I) en (II) se tiene $x^2 - x + 4 = 0$. Esta ecuación no tiene solución real.

4. Si en la ecuación (III) se hace un cambio de variable $u = \dfrac{x}{y}$ se tiene:

$u^2 - 5u + 4 = 0$, ecuación que tiene por solución $u_1 = 4$; $u_2 = 1$ es decir:

$\dfrac{x}{y} = 4 \Rightarrow x = 4y$; $\dfrac{x}{y} = 1 \Rightarrow x = y$. Situación que coincide con la solución dada en el ejemplo resuelto.

Las soluciones aproximadas son:

{x=-0.285714, y=-0.285714}, {x=1., y=1.},

{x=-25.4891,y=-6.37228},{x=-2.51087,y=-0.627719}.

Y la gráfica aunque compleja se adjunta.

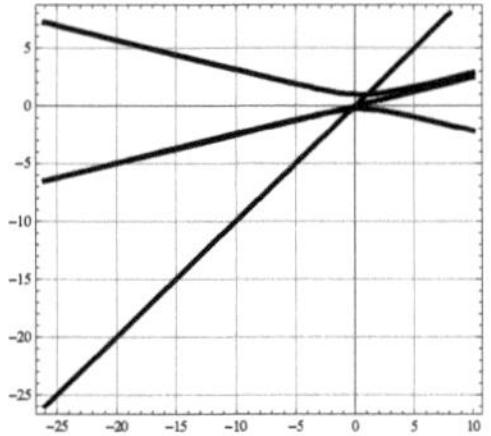

Sistemas de ecuaciones homogéneos

(48). Un sistema en el que todos los términos que contienen incógnitas son del mismo grado se denomina sistema homogéneo.

Ejemplo:

$(37). \begin{cases} x^2 - xy + y^2 = 49 \quad (I) \\ 2x^2 + 3xy + 5y^2 = 490 \quad (II) \end{cases}$

Contrario a lo se ha expresado al simplificar el sistema para encontrar su solución, y de lo que piense el lector, a estos sistemas se adjunta una nueva ecuación, así:

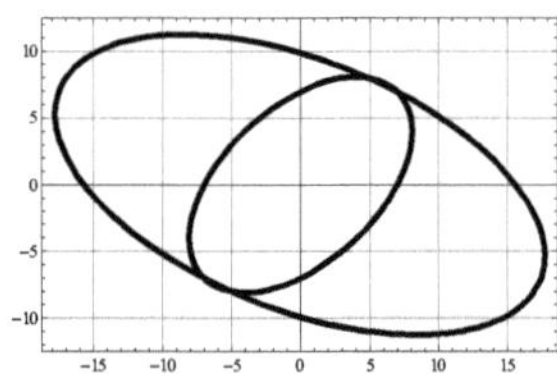

Adjuntar al sistema la ecuación $y = vx$	$\begin{cases} x^2 - xy + y^2 = 49 \ (I) \\ 2x^2 + 3xy + 5y^2 = 490 \ (II) \\ \quad\quad y = vx \ (III) \end{cases}$
Sustituyendo (III) en (I) y (II)	$\begin{cases} x^2 - x(vx) + (vx)^2 = 49 \ (I) \\ 2x^2 + 3x(vx) + 5(vx)^2 = 490 \ (II) \end{cases}$ $\begin{cases} x^2(1 - v + v^2) = 49 \ (IV) \\ x^2(2 + 3v + 5v^2) = 490 \ (V) \\ \quad\quad y = vx \ (III) \end{cases}$
Eliminar x^2 entre (IV) y (V)	$\begin{cases} x^2(1 - v + v^2) = 49 \ (IV) \\ \dfrac{1 - v + v^2}{2 + 3v + 5v^2} = \dfrac{1}{10} \ (VI) \\ \quad\quad y = vx \ (III) \end{cases}$
Ahora se ha logrado el gran objetivo (VI) es una ecuación en "v"	$10 - 10v + 10v^2 = 2 + 3v + 5v^2$ $5v^2 - 13v + 8 = 0 \Rightarrow v_1 = 1 \ o \ v_2 = \dfrac{8}{5}$
Sustituyendo en v_1 y v_2 en (IV)	$x^2(1 - 1 + 1) = 49 \Rightarrow x^2 = 49 \Rightarrow x_1 = 7 \ o \ x_2 = -7$ $x^2\left(1 - \dfrac{8}{5} + \left(\dfrac{8}{5}\right)^2\right) = 49 \Rightarrow x_3 = 5 \ o \ x_4 = -5$
Sustituyendo (v_1,x_1,x_2) y (v_2,x_3,x_4) en (III)	$\{x = -7, y = -7\}, \{x = -5, y = -8\},$ $\{x = 5, y = 8\}, \{x = 7, y = 7\}$

Una situación frecuente en la Matemática es la posibilidad de darle solución a un problema por distintas vías. El siguiente sistema es un ejemplo de ello, pues puede ser resuelto al menos por tres vías:

(38). Sea el sistema[8] $\begin{cases} x^2 + y^2 = 11 \ (I) \\ \quad xy = 5 \ (II) \end{cases}$

La primer vía es por sustitución, despeje el lector una de las variables en (II) y sustitúyala en (I).

La segunda vía es por adjunción de una ecuación dado que el sistema es homogéneo, también queda de tarea para el lector.

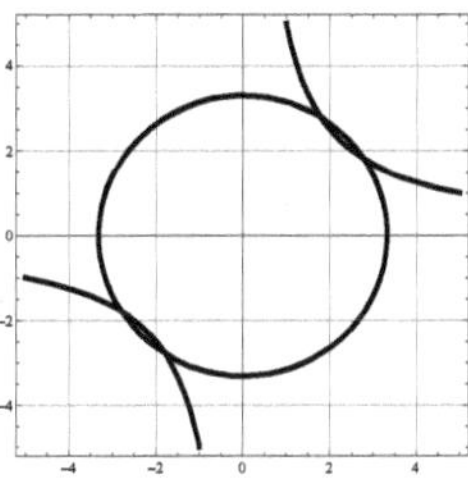

La tercera vía de solución es mediante un artificio que puede servir de modelo para otras ecuaciones. La idea esencial del artificio parte de observar que en esta ecuación están presentes expresiones que se corresponden con una suma o una

---

[8] Tal como se dijo en el pie de página 111, la ecuación (I) corresponde a una circunferencia con centro en el origen de coordenadas y la ecuación **xy=5** se corresponde con una hipérbola equilátera.

diferencia al cuadrado $(x+y)^2 = x^2 + 2xy + y^2$ y $(x-y)^2 = x^2 - 2xy + y^2$, con la particularidad que $xy = 5$, de modo que para este caso las expresiones anteriores se transforman en: $(x+y)^2 = x^2 + 2 \times 5 + y^2$ y $(x-y)^2 = x^2 - 2 \times 5 + y^2$.
Por otro lado, por la ecuación (I) $x^2 + y^2 = 11$ se tiene que

$(x+y)^2 = 21$ y $(x-y)^2 = 1$ Transformándose el sistema en $\begin{cases} (x+y)^2 = 21 \\ (x-y)^2 = 1 \end{cases}$ y

por la equivalencia ya estudiada el sistema se simplifica a $\begin{cases} x+y = \pm\sqrt{21} \ (III) \\ x-y = \pm 1 \ (IV) \end{cases}$ y

mediante una elemental adición de (III) con (IV) se llega a la conclusión de que

$2x = \pm\sqrt{21} \pm 1 \Rightarrow x = \pm\dfrac{\sqrt{21}}{2} \pm \dfrac{1}{2}$ sustituyendo en (I) y (II) se obtienen las coordenadas

$$\left(\tfrac{1}{2}(-1-\sqrt{21}); \tfrac{1}{2}(1-\sqrt{21})\right) ; \left(\tfrac{1}{2}(1-\sqrt{21}); \tfrac{1}{2}(-1-\sqrt{21})\right)$$

$$\left(\tfrac{1}{2}(-1+\sqrt{21}); \tfrac{1}{2}(1+\sqrt{21})\right) ; \left(\tfrac{1}{2}(1+\sqrt{21}); \tfrac{1}{2}(-1+\sqrt{21})\right).$$

Cuyos valores aproximados son:

(-2.79129;-1.79129); (-1.79129;-2.79129);(1.79129;2.79129);(2.79129;1.79129)

Evidentemente el artificio ahorra trabajo, por eso se dijo ¡No hay regla de vía de única o estandarizada para los sistemas no lineales!

Sistemas de ecuaciones simétricos

(48). Un sistema de ecuaciones con dos incógnitas se llama simétrico si el mismo no cambia al intercambiar las incógnitas. Ejemplo:

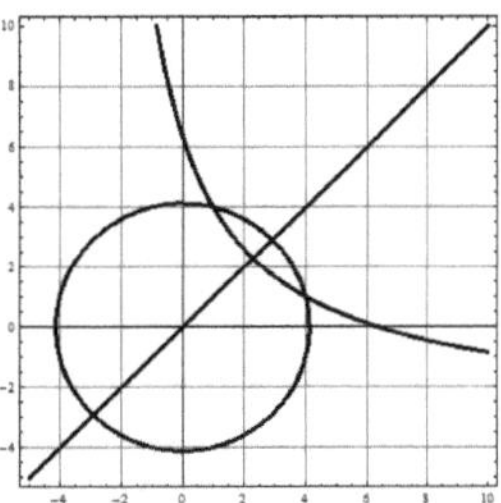

(39). $\begin{cases} x^2 + y^2 = 17 \ (I) \\ xy + 3(x + y) = 19 \ (II) \end{cases}$ es simétrico porque si

"x" se sustituye por "y" se obtiene el mismo sistema. En el gráfico la recta $y = x$ evidencia la simetría. Una vía de solución de estos sistemas es mediante la adjunción de ecuaciones como se explica a continuación.

Adjuntar al sistema las ecuaciones $x + y = u$ y $xy = v$	$\begin{cases} x^2 + y^2 = 17 \ (I) \\ xy + 3(x + y) = 19 \ (II) \\ x + y = u \ (III) \\ xy = v \ (IV) \end{cases}$
Elevando (III) al cuadrado se tiene:	$x^2 + 2xy + y^2 = u^2 \ (V)$
Agrupando convenientemente (V) y sustituyendo en ella (I) y (IV) se tiene:	$u^2 - 2v = 17 \ (V)$
(V) puede sustituir a (I) y sustituyendo (III) y (IV) en (II) se tiene un sistema equivalente al original:	$\begin{cases} u^2 - 2v = 17 \ (V) \\ v + 3u = 19 \ (VI) \\ x + y = u \ (III) \\ xy = v \ (IV) \end{cases}$
En el sistema anterior (VI) es una ecuación de primer grado, se impone despejar en ella y sustituir en (V):	$v = 19 - 3v (VII)$ $u^2 - 38 + 6u = 17 \Leftrightarrow u^2 + 6u - 55 = 0$ $u_1 = 5 \, ; \, u_2 = -11$
Sustituyendo los valores de u en (VII):	$v_1 = 4 \, ; \, v_2 = 52$
u y v llevados a (III) y (IV) resulta:	$(a) \begin{cases} x + y = 5 \\ xy = 4 \end{cases}$ $(b) \begin{cases} x + y = -11 \\ xy = 52 \end{cases}$
Las soluciones de los sistemas dados es muy sencilla por sustitución, pero si el lector observa, x y y pueden considerarse soluciones de las ecuaciones de segundo grado que se muestran. **Ⓟ** Justifique lo expresado	$z^2 - 5z + 4 = 0 \ (e\_a)$ $z^2 + 11z + 52 = 0 (e\_b)$ $z_1 = 1 \, ; \, z_2 = 4$ *Raíces de* (e_a). *De ahí:* $\begin{cases} x_1 = 1 \\ y_1 = 4 \end{cases}$ $\begin{cases} x_2 = 4 \\ y_2 = 1 \end{cases}$ **Ⓟ** Complete las soluciones

✻ (72). Resolver los siguientes sistemas de ecuaciones.

a) $\begin{cases} x^2 - 2x - y = 3 \\ 2x - y = 7 \end{cases}$

b) $\begin{cases} 2x^2 - y^2 = -1 \\ 3x^2 - 2y^2 = -6 \end{cases}$

c) $\begin{cases} 2x + y = 10 \\ x^2 - y^2 = 12 \end{cases}$

d) $\begin{cases} 3x + y - 5 = 0 \\ x^2 + y^2 - xy = 3 \end{cases}$

e) $\begin{cases} x^2 + y^2 = 26 \\ xy = 5 \end{cases}$

f) $\begin{cases} x - y = 2 \\ x^2 + y^2 = 20 \end{cases}$

g) $\begin{cases} 3x^2 + y^2 = 124 \\ 2x^2 + 3y^2 = 120 \end{cases}$

h) $\begin{cases} x^2 + y^2 = 50 \\ x^2 + xy = 56 \end{cases}$

i) $\begin{cases} x^2 - 2xy - y^2 = 41 \\ x^2 + 3xy - y^2 = 131 \end{cases}$

j) $\begin{cases} 3x^2 - 3y^2 + x - 2y = 20 \\ 2x^2 + 2y^2 + 5x + 3y = 9 \end{cases}$

k) Determina las soluciones reales del sistema $\begin{cases} x^3 + y^3 = 5a^3 \\ x^2y + xy^2 = a^3 \end{cases}$ con la condición $a \neq 0$.

⚉ (18). Halle el conjunto solución de los siguientes sistemas de ecuaciones.

a) $\begin{cases} xy(x + y) = 84 \\ x^3 + y^3 = 91 \end{cases}$

Sugerencia: adjunte $x + y = u$.

b) $\begin{cases} x + y = 5 \\ x^4 + y^4 = 97 \end{cases}$

Sugerencia: adjunte $xy = u$ o bien $x - y = u$.

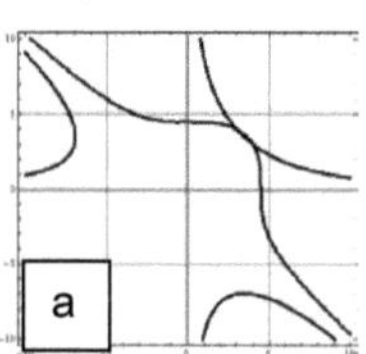

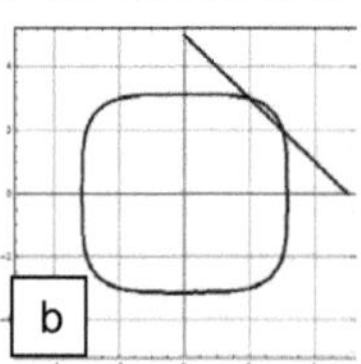

117

c) $\begin{cases} x + y - z = 7 \ (I) \\ x^2 + y^2 - z^2 = 37 \quad (II) \\ x^3 + y^3 - z^3 = 1 \ (III) \end{cases}$ *Sugerencia: Transforme (I) en $x + y = z + 7$ y*

eleve al cuadrado, después con ayuda de (II) elimine $x^2 + y^2$. Eleve (I) al cubo y combinando el resultado anterior y con (III) obtendrá el primer valor.

d) $\begin{cases} \dfrac{xyz}{x+y} = 2 \ (I) \\[4pt] \dfrac{xyz}{y+z} = \dfrac{6}{5} \quad (II) \\[4pt] \dfrac{xyz}{z+x} = \dfrac{3}{2} \ (III) \end{cases}$

Sugerencia: Divida (I) por (II) y por (III) y eliminando denominadores obtendrá un sistema equivalente al original de fácil solución.

Sistemas de ecuaciones exponenciales

⚑ (49). Un sistema de ecuaciones que contenga ecuaciones exponenciales es llamado sistema de ecuaciones exponenciales.

El método de solución no difiere de los ya explicado y consiste en aplicar las propiedades estudiadas de las ecuaciones exponenciales para obtener ecuaciones más simples y transformar el sistema original en uno equivalente de más fácil solución.

✆ (40). Sea el sistema $\begin{cases} 3^x = \frac{243}{3^y} & (I) \\ 2^x = 2^y & (II) \end{cases}$

Transformando (I) en expresiones de potencias de 3:	$3^x = \dfrac{243}{3^y} \Leftrightarrow 3^x = \dfrac{3^5}{3^y} \Leftrightarrow 3^x = 3^{5-y}$
Transformando el sistema original	$\begin{cases} x = 5 - y \\ x = y \end{cases}$
Ⓟ La solución de este sistema es evidente y queda como tares al alumno	

✆ (41). Resolver el sistema $\begin{cases} 2^{2x+1} - 10 \cdot 5^{y-1} = 22 & (I) \\ 4 \cdot 2^{x-2} + 5^{y+1} = 29 & (II) \end{cases}$

Transformando las ecuaciones:	Dividiendo (I) por 2: $2^{2x} - 5^y = 11$ La (II) queda: $2^x + 5^{y+1} = 29$
El sistema queda entonces de la siguiente forma	$\begin{cases} 2^{2x} - 5^y = 11 \\ 2^x + 5^{y+1} = 29 \end{cases}$
Una opción es despejar en la ecuación más sencilla y sustituir en la otra ecuación para tener una ecuación en 2^x.	$5^y = 2^{2x} - 11$ $2^x + 5(2^{2x} - 11) = 29$ $5(2^x)^2 + 2^x + 84 = 0$
Resolviendo la ecuación cuadrática resultante se tiene:	$2^x = -\dfrac{21}{5}$ Se rechaza solución Ⓟ ¿Por qué? $2^x = 4 \Leftrightarrow x = 4$ Sustituyendo $5^y = 5 \Leftrightarrow x = 1$ S={(2;1)}

El gráfico de las funciones corrobora el resultado

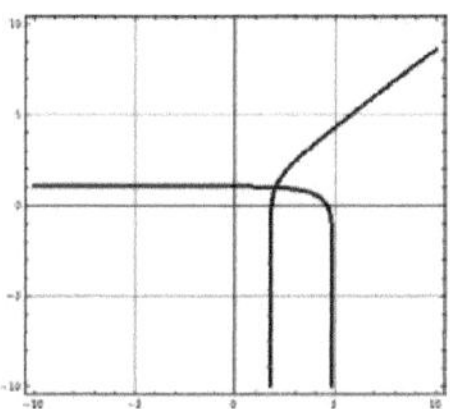

✖ (73). Resolver los siguientes sistemas de ecuaciones exponenciales

a) $\begin{cases} 2^y = 2^x \\ \frac{243}{3^y} = 3^x \end{cases}$

b) $\begin{cases} x + y = 2 \\ 5^{xy} - \frac{10}{5^{xy}} = 3 \end{cases}$

c) $\begin{cases} 2^y = 10 - 2^x \\ 2^x \cdot 2^y = 0 \end{cases}$

d) $\begin{cases} x + y = 7 \\ x + y = \frac{21}{\sqrt[x]{27}} \end{cases}$

e) $\begin{cases} 4 \cdot 2^{x-2} + 5^{y+1} = 29 \\ 2^{2x+1} - 10 \cdot 5^{y-1} = 22 \end{cases}$

⚕ (19). Halle el conjunto solución de los siguientes sistemas de ecuaciones.

a) $\begin{cases} \sqrt[x]{x+y} - 6 = 0 \\ x + y = \frac{5832}{3^x} \end{cases}$

b) $\begin{cases} 2^{x+2} = 7 + 3^{y-1} \\ 2^{x-1} = 245 - 3^{y+2} \end{cases}$

c) $\begin{cases} \frac{x+y}{z+1} = 1 \\ 2^{2x+z} = 2^{11-y} \\ \sqrt{x+y+z} = 3 \end{cases}$

120

Sistemas de ecuaciones logarítmicos

☙ (50). Un sistema de ecuaciones que contenga ecuaciones logarítmicas es llamado sistema de ecuaciones logarítmicas.

El método de solución aunque no difiere de los ya explicado, tiene la particularidad de que además de requerir la aplicación de las propiedades fundamentales de los logaritmos, en ocasiones se requiere de artificios para transformar la expresión del sistema original en una expresión equivalentes. Otro aspecto que hay que tener presente en el dominio de las funciones que intervienen en el sistema para desechar las soluciones que no se incluyan en ellos.

Ⓟ No resulta ocioso recordar las propiedades más utilizadas de los logaritmos:

I. $\log_a MN = \log_a M + \log_a N \;\; (M > 0,\; N > 0)$

II. $\log_a \frac{M}{N} = \log_a M - \log_a N \;\; (M > 0,\; N > 0)$

III. $\log_a N^\alpha = \alpha \log_a N \;\; (N > 0,\; \alpha \in \mathbb{R})$

IV. $\log_{a^\beta} N^\alpha = \frac{\alpha}{\beta} \log_a N \log_a N \;\; (N > 0, \alpha \neq 0, \beta \neq 0)$

IV a. $\log_{a^\beta} N = \frac{1}{\beta} \log_a N \;\; (N > 0, \beta \neq 0)$

IV b. $\log_{a^\alpha} N^\alpha = \log_a N \;\; (N > 0, \alpha \neq 0)$

V. $\log_b N = \frac{\log_a N}{\log_a b} \;\; (N > 0)$

VI. $\log_b a \cdot \log_a b = 1$

VII. $a^{\log_a N} = N$

♪ (42). Resolver el sistema $\begin{cases} 2\log x - 3\log y = 7 \\ \log x + \log y = 1 \end{cases}$

Transformando las ecuaciones:	$2\log x - 3\log y = 7 \Leftrightarrow \log x^2 - \log y^3 = 7$ $\log\dfrac{x^2}{y^2} = 7$ Por propiedades (II) y (III) $\log x + \log y = 1 \Leftrightarrow \log xy = 1$ Por (I)
El sistema queda entonces de la siguiente forma, transformado en una sistema cuadrático	$\begin{cases} \log\dfrac{x^2}{y^2} = 7 \\ \log xy = 1 \end{cases} \Leftrightarrow \begin{cases} \dfrac{x^2}{y^2} = 10^7 \\ xy = 1\,0 \end{cases}$
Ⓟ La solución puede encontrarla el lector.	$\{\{x \to 100, y \to \tfrac{1}{10}\}\}$

Otra variante de solución.

Haciendo cambio de variables:	$u = \log x; \quad v = \log y$
El sistema queda entonces de la siguiente forma, transformado en una sistema cuadrático	$\begin{cases} 2u - 3v = 7 \\ u + v = 1 \end{cases} \Leftrightarrow 5u = 10 \Leftrightarrow u = 2$ $v = -1$
Sustituyendo en el cambio de variable se llega a la solución	$\{\{x \to 100, y \to \tfrac{1}{10}\}\}$

♪ (43). Resolver el sistema $\begin{cases} \log_x(y - 18) = 2 \\ \log_y(x + 3) = \tfrac{1}{2} \end{cases}$

Transformando las ecuaciones:	$\log_x(y - 18) = 2 \Leftrightarrow y - 18 = x^2$ $\log_y(x + 3) = \dfrac{1}{2} \Leftrightarrow x + 3 = \sqrt{y}$
El sistema queda entonces de la siguiente forma, transformado en una sistema cuadrático	$\begin{cases} y - 18 = x^2 \\ x + 3 = \sqrt{y} \end{cases}$
Despejando en la primera ecuación y sustituyendo en la segunda se tiene:	$y = x^2 + 18$ $x + 3 = \sqrt{x^2 + 18} \Leftrightarrow x^2 + 6x + 9 = x^2 + 18$ $6x = 9 \Leftrightarrow x = \dfrac{3}{2}$ $y = \dfrac{9}{4} + 18 = 20\dfrac{1}{4}$

✖ (74). Resolver los siguientes sistemas de ecuaciones logarítmicas

a) $\begin{cases} x + y = 22 \\ \log x - \log y = 1 \end{cases}$

b) $\begin{cases} 2\log x - 3\log y = 5 \\ \log x - \log y = 1 \end{cases}$

c) $\begin{cases} 2^{x+1} = 128 \\ \log x + \log y = 1 \end{cases}$

d) $\begin{cases} \log(x^2 y) = 2 \\ \log x = \log y^2 \end{cases}$

e) $\begin{cases} x^2 - y^2 = 11 \\ \log x - \log y = 1 \end{cases}$

f) $\begin{cases} \ln x + \ln y = 4 \\ \ln x - \ln y = 2 \end{cases}$

g) $\begin{cases} \log_x(2 - y) = 2 \\ \log_x(5x + 2y) = 0 \end{cases}$

h) $\begin{cases} \dfrac{1}{2}\log x + \log y = \log 35 \\ \log(x + 1) - \log y = 1 \end{cases}$

i) $\begin{cases} 3^{2x} \cdot 3^{-y} = 81 \\ \log x + \log(y + 12) = 1 \end{cases}$

j) $\begin{cases} \log(x + y) + \log(x - y) = \log 33 \\ \log x^2 - \log y^2 = 3 \end{cases}$

(20). Halle el conjunto solución de los siguientes sistemas de ecuaciones.

a) $\begin{cases} \log(x^2 + y^2) - 1 = \log 13 \\ \log(x + y) - \log(x - y) = 3\log 2 \end{cases}$

b) $\begin{cases} \log_a x + \log_a y + \log_a 4 = 2 + \log_a 9 \\ x + y - 5a = 0 \end{cases}$

c) $\begin{cases} \log_a x + \log_{a^2} y = \dfrac{3}{2} \\ \log_{b^2} x + \log_b y = \dfrac{3}{2} \end{cases}$

Consideraciones sobre la resolución de problemas

Dar una definición de problema en Matemática o escoger una de las varias que existen resulta difícil, hasta Polya evadió esta tarea cuando escribió su primer libro sobre la resolución de problemas, pero considero que la siguiente definición se lo suficientemente completa para el lector más exigente, al respecto su autor dice que problema es:

(51). **"Una situación matemática que contempla tres elementos: objetos, características de esos objetos y relaciones entre ellos; agrupados en dos componentes: condiciones y exigencias relativas a esos elementos; y que motiva en el resolutor la necesidad de dar respuesta a las exigencias o interrogantes, para lo cual deberá operar con las condiciones, en el marco de su base de conocimientos y experiencias."**[9]

De esta definición es digno de destacar algunos aspectos que tienen incidencia en el alumno que se enfrenta a un problema y que señalarán con:

- Para que una situación matemática represente un problema para un individuo, ésta debe contener una **dificultad intelectual** y no sólo operacional o algorítmica.

No todos los ejercicios de resolución de ecuaciones que se han planteado constituyen problemas, el alumno tenía la información necesaria acerca del algoritmo que debía seguir para resolverlo; para los problemas no existen algoritmos establecidos para resolverlos, aunque atendiendo algunas reglas se puede encontrar con más facilidad la vía de solución.

---

[9]Alonso, I. (2001). La resolución de problemas matemáticos. Una alternativa didáctica centrada en la representación. Tesis Ph. D. Universidad de Oriente. Cuba.

• La persona de manera consciente reconoce la presencia de la dificultad y la situación pasa a ser objeto de interés para la misma, o sea, que exista una **disposición para resolverla**.

❦Si el alumno no reconoce la dificultad en la situación planteada, no tiene interés o no está dispuesto a resolver el problema, no es posible obtener resultados.

• **La base de conocimientos** requerida puede estar compuesta por conocimientos y experiencias que se han adquirido y acumulado previamente o puede ser ampliada al abordar el problema, mediante consulta de textos o de personas capacitadas.

❦ Si no se tiene el conocimiento necesario para resolver el problema hay que adquirirlo para poderlo enfrentar; la repetida frase que "a resolver problemas se aprende resolviendo problemas", es cierta siempre que esto no se haga por repetición o imitación, sino sobre la base del conocimiento, estudio y el análisis fundamentado de las vías seguidas en la solución de cada problema.

• En todo problema aparece al **menos un objeto**, que puede ser matemático como un triángulo, un número, una ecuación, etc., o puede ser real, como un camino que enlace dos puntos, un río, un poste, etc. También pueden aparecer objetos de ambos tipos, de todas formas los objetos reales en el proceso de resolución del problema deben representarse matemáticamente para poder aplicar los métodos de esta ciencia.

❦Determinar estos objetos y expresarlos en lenguaje matemático es el primer paso en la resolución de un problema.

• Junto a los objetos, en cada problema suele aparecer una serie de **características** de los mismos, algunas de carácter cuantitativo como longitudes, volúmenes, número de vértices, aristas, etc. y otras cualitativas como el tipo de triángulo (equilátero, isósceles, escaleno o rectángulo), el tipo de camino (recto, curvo, poligonal), etc. También pueden aparecer **relaciones** entre los objetos, tales como relaciones de distancia, tangencia, semejanza, equivalencia, congruencia, etc.

❦Además de los objetos es necesario determinar sus características cuantitativas y cualitativas así como sus relaciones para logar obtener un modelo matemático de la situación que plantea el problema.

• **Las condiciones** del problema son conformadas por algunos objetos, características de estos y relaciones entre los mismos, que son dadas en la formulación del problema. **La exigencia o interrogante** a la cual hay que dar respuesta también se expresa en términos de objetos, características o relaciones.

❦Una vez precisadas las condiciones del problema, se requiere identificar las exigencias o interrogantes a las que hay que dar respuesta expresándolas en lenguaje matemático.

¿Qué es resolver un problema?

❧(52). El proceso de resolución de un problema matemático es entendido como **toda la actividad desarrollada** por la persona que lo aborda.

¿Qué hacer para resolver un problema? La respuesta a esta pregunta es realmente compleja y está fuera del alcance de este libro pero sólo se hará referencia a dos aspectos fundamentales.

1. Precisar el significado de las cuatro operaciones fundamentales de la Aritmética con el propósito de aplicarlas al establecer las **relaciones entre las partes y el todo** que se dan en las condiciones de cada problema y que un tanto esquemáticamente se manifiestan de la siguiente forma:
   a. La unión de las partes en un todo se realizan mediante la suma o mediante el producto.

b. La determinación de una parte conociendo el todo y una o varias partes se obtine mediante la resta la división según el caso.

Esta sencilla reflexión puede ser el paso inicial para lograr con éxito la identificación de las operaciones artiméticas que deben conducir a la solución de un problema, tarea que en ocasiones le es difícil a más de un alumno y en ocasiones la convierte en "adivinar la operación que se debe realizar."

2. Emplear uno de los modelos que con probada eficiencia se han venido aplicando a la resolución de problemas y que todos tienen su antecedente en el modelo de Polya.

En 1945 Polya publicó su obra cumbre "**How to solve it?,** estableciendo cuatro etapas que dirigen la acción de quien se enfrenta a un problema, con el fin de ayudarlo a eliminar las discrepancias entre el objeto del problema y su solución estas son:

1. Comprender el problema.
2. Concebir el plan.
3. Ejecutar el plan y
4. Examinar la solución obtenida.

En cada una de estas etapas Polya propuso una serie de preguntas, para dirigir el proceso de solución de un problema, lo que se puede profundizar en cualquier texto especializado, pero de ellas se analizará someramente la comprensión, porque en ella está la clave de la solución de un problema.

George Polya (Budapest 13 de diciembre de 1887-Palo Alto, USA) 7 de septiembre de 1985. Es un mito en la historia moderna de las matemáticas y su enseñanza. Sus tres libros "Cómo plantear y resolver problemas", "Matemáticas y razonamiento plausible" y "La découverte des mathématiques" son de lectura obligada para todo profesor de Matemático. Con anterioridad a ellos publicó la "colección amarilla" y "Aufgabenund Lehrsätzeaus der Análisis". Aunque en un principio se sintió atraído por la literatura y la filosofía, la sugerencia de que siguiera cursos de física y de matemáticas para mejorar su formación filosófica marcó para siempre su carrera. En 1940, huyó de Hitler con su esposa trasladándose a los Estados Unidos donde tuvo una larga vida, académica y profesional con numerosos premios y galardones por su excepcional trabajo sobre la enseñanza de las matemáticas y su importantísima obra investigadora.

¿Qué es comprender el problema?

La comprensión ha sido caracterizada por Wiltrock (1990) [10] como **una represen-**
tación estructural o conceptualmente ordenada de las relaciones entre las partes
de la información que se debe aprender, y entre esa información, esas ideas y
nuestra base de conocimientos y experiencias. De aquí que la comprensión de un
problema dependa, __ante todo, de la representación__ que de éste se haga la persona que trata de resolverlo.

La representación de un problema matemático son las abstracciones de los
objetos, características y relaciones que intervienen en el problema que se está
resolviendo, las cuales son formadas e integradas sobre la base de los conocimientos (sin conocimientos no es posible resolver problemas) y experiencias ad-
quiridos previamente (sin la experiencia de haberse enfrentado a problemas y
haber fracasado al intentar resolverlos, aprendiendo de estos fracaso, no es posible resolver problemas), reflejadas en forma de imágenes y conceptos y manifes-
tadas a través de la expresión oral, símbolos escritos, dibujos o tablas.

La representación es un proceso que **dinamiza el proceso de resolución de**
problemas matemáticos dado su carácter mediador en el conocimiento. La misma permite al resolutor dar sentido a la información que le brinda el problema y
operar con ella hasta dar respuesta a la exigencia.

En el siguiente ejemplo se pondrán de manifiesto algunas de las ideas antes ex-
puestas:

---

[10]Citado por Dra. C. Isabel Alonso Berenguer en "El problema matemático y su proceso de resolución. Una perspectiva desde la teoría del procesamiento de la información." Página 6.

♪(44). Se tienen 174 kg de arroz en dos sacos. Del más pesado se extrae el 25 % de su contenido y se echa en el otro, quedando los dos con la misma cantidad. ¿Cuánto pesaba cada saco?

Solución por la vía aritmética

Aunque este libro trata de ecuaciones, un tema del Álgebra, como gran parte de los problemas que se plantean tienen solución por la vía aritmética es preciso comenzar por ella; recuérdese que Gauss dijo que la Matemática es la reina de las ciencias y agregó que la Aritmética es la reina de la Matemática; pero en muchas ocasiones se separan ambas vías de solución y cuando los alumnos se enfrenta al Álgebra no se retoma el conocimiento que posee de la solución de problemas de la Aritmética para adaptarlos al nuevo modelo de solución.

Algunas reglas que facilitan la comprensión del problema pueden ser:
a) Establezca la relación parte todo.
b) Exprese el 25% como una fracción para establecer mejor la anterior relación.
c) Mediante un esquema represente el planteamiento del problema.
En cuanto a la relación parte todo se da el todo 174 kg y una parte expresada como el 25%, dato se corresponde con ¼ del total, por tanto la primera operación aritmética relacionada con este problema es la división.

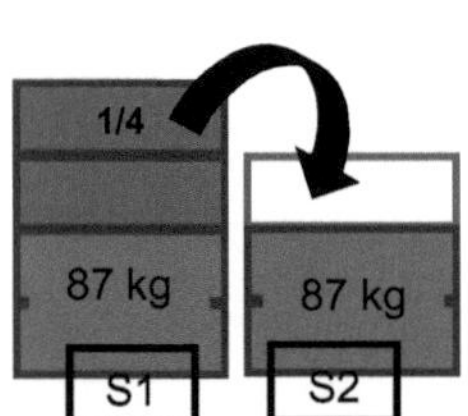

Un esquema que represente el problema puede ser:
Si ambos sacos quedan con la misma cantidad, entonces, al final del proceso quedan $\frac{174}{2} = 87\ kg$.
De S_1 se extrajo el 25%, esto representa la cuarta parte, entonces 87 son los $\frac{3}{4}$ del contenido inicial.
Por su parte S_2 alcanzó los 87 kg con sólo la cuarta parte de S_1, quiere decir que tenía originalmente el equivalentes a la mitad de S_1, por lo que "el todo" estaba dividido en 6 partes, 4 estaban en S_1 y 2 en S_2. El es-

quema también es ilustrativo de lo antes analizado por tanto, para una posible solución basta con determinar una de esas seis partes $\frac{174}{6} = 29$. Ahora el problema cambió, pues los datos se transformaron y se tiene una sexta parte y la ley de formación del todo en cada uno de los sacos, para S_1, 4 de esas partes y para S_2 solamente 2, es decir: $S_1 = 4 \times 29kg = 116\,kg$ y $S_2 = 2 \times 29kg = 58\,kg$.

Ⓟ Busque el lector otra solución que se adecue más a la interpretación que hizo del problema.

Solución por la vía algebraica mediante una ecuación

Algunas reglas que facilitan la comprensión del problema por esta vía:
a) Asigne una variable a uno de los elementos desconocidos.
b) Exprese el otro u otros elementos desconocidos en función de esta variable.
c) Exprese mediante una o más ecuaciones las condiciones del problema atendiendo a la relación parte-todo.
d) Resuelva la o la ecuación o ecuaciones.
e) Constate que los resultados son correctos y dé respuesta al problema

Asignemos **x** al peso en kilogramos de S_1.		Se asigna entonces a S_2: $174 - x$
	Como el 25% representa la cuarta parte y esta se extrae de S_1, esto se representa como $\frac{x}{4}$ y con esta codificación puede expresarse mediante una ecuación el texto del problema: $$x - \frac{x}{4} = (174 - x) + \frac{x}{4}$$ $\frac{3x}{4} = 174 - \frac{3x}{4}$; $\frac{3x}{2} = 174$; $x = 116$ Respuesta: **S_1=116kg; S_2 = (174-116)kg= 58kg**	

Solución por la vía algebraica mediante un sistema de ecuaciones

Algunas reglas que facilitan la comprensión del problema por esta vía:

a) Asigne una variable a uno de los elementos desconocidos.

b) Asigne otra variable al otro elemento desconocido.

c) Exprese mediante un sistema de ecuaciones las condiciones del problema atendiendo a la relación parte-todo.

d) Resuelva el sistema de ecuaciones.

e) Constate que los resultados son correctos y dé respuesta al problema

Asignemos **x** al peso en kilogramos de S_1.		Asignemos **y** al peso en kilogramos de S_2.
	Como que el peso de S_1 y S_2 son las partes de un todo, los 174 kg de arroz, la primera ecuación expresa esa relación $$x + y = 174$$	
	La segunda ecuación expresa la condición del problema: de un saco se extrae su cuarta parte y echa en el otro logrando que ambos tengan la misma cantidad. $$x - \frac{x}{4} = y + \frac{x}{4}$$	
	El sistema queda planteado de la siguiente forma: $$\begin{cases} x + y = 174 \\ x - \frac{x}{4} = y + \frac{x}{4} \end{cases} \begin{cases} x + y = 174 \\ \frac{x}{2} - y = 0 \end{cases} ; \frac{3x}{2} = 174$$ $$x = 116 \; ; \; y = 58$$ **Respuesta: S_1=116 kg , S_2 = 58 kg**	

Ⓟ De ser posible, busque el lector otras formas de expresar la ecuación o el sistema.

⚜ (21). **Problemas que se resuelven mediante ecuaciones o sistemas de ecuaciones.**

📖(1990-1991) Una de las obras que se construyen para los Juegos Panamericanos es abastecida de arena por camiones de 8,0 m^3 y 4,5 m^3 de capacidad. Si en un día llegaron 33 camiones que transportaron 187 m^3 de arena. ¿Cuántos viajes de cada tipo llegaron a la obra ese día?

📖(1991-1992) El promedio de las notas de un estudiante en Física, Química y Matemática es 88 puntos. Si hubiera obtenido 100 puntos en Matemática el promedio sería 92 puntos; pero si en lugar de obtener 100 puntos en Matemática los hubiera alcanzado en Química, el promedio sería 94 puntos .¿Qué promedio hubiera alcanzado obteniendo 100 puntos en Física?

📖(1991-1992) En un viaje de 930 km en bicicleta, un muchacho recorrió en los dos primeros días la misma distancia, el tercer día solo pudo recorrer la mitad de lo recorrido el día anterior y el cuarto, la tercera parte de lo recorrido el tercer día. Antes de proseguir el viaje, el quinto día, se sorprende cuando vio que solo le quedaba por recorrer 5,0 km y 200 m. ¿Qué distancia recorrió diariamente?

📖(1991-1992) Una empresa tiene un terreno rectangular de 1500 m^2 de superficie. Por necesidad de una obra social le piden que done una parte del

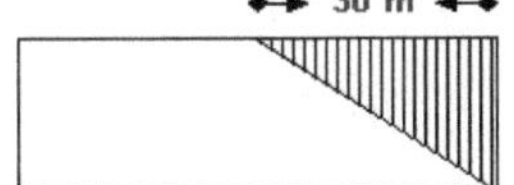

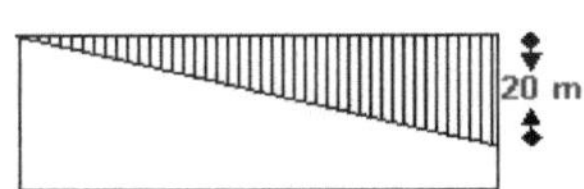

mismo en una de las siguientes opciones:

La empresa escogió la primera variante ya que así cedía $50m^2$ menos. Determine las dimensiones originales del terreno.

📖(1992-1993) Dos ciclistas se entrenaban para una competencia y en ese momento la suma de los cuadrados de sus pesos era igual a 6100 kg. Se conoce que uno de los ciclistas pesaba 10 kg. más que el otro. Finalmente uno de los ciclistas no pudo participar en la competencia. Durante el evento el ciclista participante bajó de peso la misma cantidad de kilogramos que aumentó el ciclista que no participó, alcanzando así ambos el mismo peso.

Calcula el peso de los ciclistas después de celebrada la competencia.

(1992-1993) Dos fábricas producen el mismo tipo de piezas. Juan trabaja en una de ellas y David en la otra. Entre ellos tiene lugar el siguiente diálogo:

<u>Juan</u>: Si mi fábrica lograse aumentar su producción diaria en 19 piezas, entonces produciría cada día el doble de lo que tu fábrica produce diariamente.

<u>David</u>: ¿Tú conoces la producción diaria del país?

<u>Juan</u>: Sí, es de 87 piezas.

<u>David</u>: Pues si tu fábrica produjese diariamente 2 piezas menos, entonces el cuadrado de esa producción sumado con lo que el país produce diariamente sería 8 veces lo que nuestras dos fábricas juntas producen al día en estos momentos.

¿Cuántas piezas producen diariamente cada fábrica?

(1993-1994) De un trapecio de 49 cm2 de área se conoce que la base menor mide 4,0 cm y que la base mayor excede en 3,0 cm a la altura. Calcula el área que tendría el trapecio si la base mayor fuese 2,0 cm más corta.

(1993-1994) Las tres cifras de un número suman 13. Si del número se resta 270 se obtiene otro número de tres cifras en el cual resultan intercambiadas la cifra de las centenas y de las decenas, pero se conserva la cifra de las unidades. El número de dos cifras formado por la cifra de las decenas y la de las unidades del número original es igual a 6 veces la cifra de las centenas. ¿Cuál es el número?

(1994-1995) Un terreno rectangular tiene 30 m de ancho y 50 m de largo. ¿En cuántos metros debe disminuirse el ancho y en cuántos aumentarse el largo para que el perímetro aumente en 30 m, sin cambiar el área?

(1994-1995)En un mercado agropecuario hay dos sacos que contienen 174 kg de arroz. Si del saco más pesado se saca el 25% del arroz que contiene y se echa en el otro, entonces ambos sacos tendrían la misma cantidad de arroz. ¿Cuántos kg de arroz contienen cada saco?

(1994-1995) Con dos cuadrados se forma una figura de seis lados como se muestra en el dibujo. Calcula las longitudes de los lados de los cuadrados sabiendo que la figura obtenida tiene 233 cm2 de área y 68 cm de perímetro.

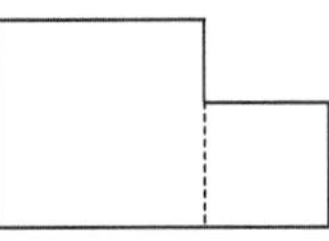

(1995-1996) Dos fábricas debían producir entre ambas, según sus respectivos planes de producción, 360 bicicletas. La primera de ellas cumplió su plan al 112% y la segunda al 110% y entre las dos produjeron 400 bicicletas.
a) ¿Cuál era el plan de producción de cada fábrica?
b) ¿Cuántas bicicletas produjo cada fábrica?

(1995-1996) En un taller de piezas de repuesto había en total 120 piezas de dos tipos. Una empresa adquirió la mitad de las piezas del tipo I y tres cuartos de las piezas del tipo II. Si lo que quedó es el 40% de las piezas que había inicialmente, calcula cuántas piezas de cada tipo había al principio.

(1996-1997) Un número de cuatro cifras es mayor que 1000 pero menor que 2000. La cifra de las unidades es igual a la cifra de las decenas disminuida en 2. La cifra de las centenas es igual a la cifra de las unidades aumentada en 2. La suma de la cifra de las decenas y la cifra de las centenas es igual a la cifra de las unidades aumentada en 11. ¿Cuál es el número?

(1996-1997) Se tienen dos planchas una de zinc y otra de aluminio, de igual área y se recorta un cuadrado en cada plancha de manera tal que sobran 4 m^2 en la plancha de zinc y 11m^2 en la de aluminio. Si la longitud del lado del cuadrado recortado en la plancha de aluminio es igual al 75% de la longitud del lado del cuadrado que se recortó en la plancha de zinc ¿Cuál es el área de cada cuadrado recortado?

📖(1996-1997) Una CPA[11] con cierta cantidad de dinero puede comprar 6 sacos de fertilizantes y 15 de semillas, o 12 sacos de fertilizantes y 1° de semillas. Si los sacos de semillas valen $10,00 más que los de fertilizantes:

a)   ¿qué precio tienen los sacos de semilla y cuál los de fertilizantes?

b)   ¿de qué dinero dispone la CPA?

📖(1997-1998) En cierto país, el precio que hay que pagar por enviar un telegrama se calcula de la siguiente manera: Si el telegrama tiene 10 palabras o menos se paga un precio fijo. Si tiene más de 10 palabras, entonces se paga el precio fijo (por las primeras diez palabras) más una cierta cantidad extra por cada palabra adicional.

Un telegrama de 15 palabras cuesta 11, 65 pesos y un telegrama de 19 palabras cuesta 14, 57 pesos. ¿Cuál es el precio fijo y cuál es la cantidad extra por cada palabra adicional?

📖(1997-1998) En un centro escolar hay dos terrenos de forma cuadrada para desarrollar las actividades de Educación Física, la suma de sus áreas es igual a 41 unidades cuadradas y la mitad del perímetro del terreno más grande excede en 6 unidades al lado del otro terreno. ¿Qué longitud total de cerca metálica se ne-cesita para cercar los terrenos?

📖(1998-1999) Dos grupos de estudiantes de un IPUEC[12] están recogiendo pa-pas. Al inicio de la jornada se le entregó a cada uno cierta cantidad de sacos vac-íos. La tercera parte de los sacos entregados al grupo B excede en 4 a la cuarta parte de los entregados al grupo A. Al terminar la sesión de campo, entre los dos grupos lograron llenar todos los sacos pero el grupo A, llenó 30 sacos menos que

---

[11] CPA Cooperativa de producción agropecuaria. Empresa agropecuaria formada por la unión de tierras y capital de varios campesinos.

[12] IPUEC: Instituto preuniversitario en el campo. Centro de enseñanza media superior ubicado en zonas rurales donde los alumnos cursan el bachillerato y realizan algunos trabajos en la agricultura como parte de su formación laboral, vocacional e investigativa.

los que le habían sido entregados y la cantidad de sacos que logró llenar el grupo
B excede en dos al duplo de los que llenó el grupo A. ¿Cuántos sacos vacíos se
entregaron al inicio de la jornada a cada grupo?

(1998-1999) En un centro deportivo hay 400 atletas varones más que hembras.
Se decidió trasladar para otro centro al 70% de los varones y al 20% de las hembras, quedando en el centro inicial 100 hembras más que varones. ¿Cuántos
atletas de cada sexo se quedaron en el centro deportivo?

(1999-2000) Alejandro hizo dos llamadas de larga distancia desde Ciudad de la
Habana, una a Santiago de Cuba y la otra a Matanzas[13]. La operadora al final le
informa que habló en cada ocasión más de tres minutos y que en total estuvo con-
versando 15 minutos por lo que debe pagar \$7,40. Más tarde, Alejandro consultó
la siguiente tabla para saber lo que le cobraron por cada llamada:

Desde Ciudad de la Habana a los siguientes territorios.	Tres minutos	Minuto adicional
Pinar del Río, Isla de la Juventud, Matanzas	1.00	0.25
Las Tunas, Holguín, Granma, Santiago de Cuba, Guantánamo	2.40	0.60

    a) ¿Cuántos minutos estuvo hablando Alejandro con cada provincia?

    b) ¿Cuánto pagó por cada llamada?

(2000-2001) Una empresa de la industria electrónica produce teclados y pantallas para calculadoras gráficas en dos plantas: en la A y en la B. En la planta A se
fabrican 14 teclados y 9 pantallas por hora y en cada jornada de 8 horas se des-
echan como promedio 2 teclados y 2 pantallas. En la planta B, de más moderna
tecnología, se producen 55 teclados y 55 pantallas por hora. ¿Cuántas jornadas
de 8 horas debe trabajar cada planta para que conjuntamente produzcan 1210
teclados y 1090 pantallas?

---

[13]Habana, Santiago de Cuba y Matanzas: ciudades capitales de las provincias de igual nombre
situadas en las zonas occidentales y orientales de Cuba.

(2001-2002) En una UBPC se plantaron 2 caballerías más de papas que de boniatos[14]. Después de una semana de trabajo en la recolección, los trabajadores de la UBPC verificaron que aún quedaba por recoger el 21% de la plantación de papas y el 75% de la de boniatos, lo que implicaba que faltaba por recoger 3,9 caballerías más de boniatos que de papas. ¿Cuántas caballerías de cada cultivo se habían plantado?

(2001-2002) Entre dos Institutos Preuniversitarios en el Campo había a principios de curso 62 alumnos de duodécimo grado que manifestaron interés por estudiar carreras pedagógicas. A mediados de curso, el número de interesados en el IPUEC 1 se incrementó en un 20%, y en el IPUEC 2, en un 25%, de modo que entre ambos centros hay ahora 76 alumnos que desean estudiar una carrera pedagógica. ¿Cuántos alumnos de grado 12 aspiran en estos momentos a una carrera pedagógica en cada escuela?

(2002-2003) En un grupo de duodécimo grado todos sus alumnos eligieron en la primera opción una carrera de los grupos de humanidades, ciencias técnicas o ciencias naturales, comportándose las cifras de este modo:

El 20% de la matrícula optó por carreras de humanidades, las $\frac{3}{4}$ partes del resto de los alumnos prefirieron carreras técnicas, mientras que 8 alumnos optaron por ciencias naturales.

a) Halla la matrícula del grupo.

b) ¿Cuántos alumnos optaron por las carreras técnicas en la primera opción?

(2002-2003) En el pasado campeonato nacional de pelota en nuestro país,

---

[14]Boniato: Tubérculo comestible de la raíz de esta planta.

después que cada equipo había celebrado la misma cantidad de juegos, los jugadores A y B habían conectado la mayor cantidad de jonrones, en ese orden. El triplo de los jonrones conectados por B era superior en 16 al duplo de los conectados por A. Si el cuadrado de los jonrones conectados por B lo dividimos por los conectados por A, el cociente es 20 y el resto es 16. ¿Cuántos jonrones conectó cada jugador?

(2003-2004) Dos camiones distribuyeron cierta cantidad de materiales, de modo que cada uno transportó la mitad. El primer camión realizó 17 viajes, transportando siempre el máximo de su capacidad, excepto en el último viaje que solo utilizó el 50% de su capacidad. El segundo camión dio un viaje más y en cada viaje transportó una tonelada menos que la capacidad máxima del primer camión. ¿Cuántas toneladas de materiales transportaron entre los dos camiones?

(2004-2005) En una cooperativa de producción agropecuaria se sembraron 40,5 hectáreas más de ajos que de cebolla. Al terminar la recolección de las $\frac{3}{5}$ partes de las hectáreas de ajo y el 30% de las hectáreas de cebolla se concluyó que se había recolectado un total de 97,2 hectáreas ¿Cuántas hectáreas de ajo y de cebollas fueron sembradas en la cooperativa?

(2004-2006) En febrero una casa de vivienda consumió en el mes, durante el período nocturno el doble de la electricidad que consumió durante el período diurno. Medidas internas aplicadas en ese núcleo familiar hicieron que en marzo, durante el período nocturno, el consumo eléctrico del mes disminuyera en un 25% y durante el período diurno se ahorra un 20%, lo que hizo que el consumo eléctrico de la vivienda este mes fuese de 184Kwh ¿En qué tanto por ciento disminuyó el consumo de energía de un mes a otro, una vez aplicadas las medidas?

📖(2005-2006) En un Instituto Preuniversitario en el Campo participaron en el curso anterior todos sus alumnos en la Brigadas Estudiantiles de Trabajo. Si la cantidad de hembras participantes excedió en 70 al 40% de la cantidad de varones, y la razón entre la cantidad de hembras y varones es 3 : 4. ¿En cuánto supera la cantidad de varones a la cantidad de hembras?

📖(2006-2007) En los Concursos Nacionales de Matemática, Física, Química e Informática las provincias que obtuvieron los tres primeros lugares, en ese orden, fueron Ciudad de la Habana con 105 puntos, Las Tunas con 74 puntos y Villa Clara[15] con 65 puntos. En Matemática y Física la provincia ganadora resultó ser Ciudad de la Habana con 34 puntos en cada una de estas asignaturas; en matemática, Villa Clara logró 15 puntos y Las Tunas 5, pero en Física Las Tunas alcanzó 32 puntos y Villa Clara , 3 puntos. En Informática la provincia ganadora fue Villa Clara con 4 puntos más que Las Tunas y está 4 puntos más que Ciudad de la Habana. Si el total de puntos de estas tres provincias en Informática fue de 57 puntos, determina cuántos puntos obtuvo cada una de estas tres provincias en Informática y Química

---

[15]Las Tunas y Villa Clara: Nombres de dos provincias situadas en el centro y el oriente de Cuba.

Ecuaciones funcionales

En el epígrafe de *Función Cuadrática*, precisamente en 🖎 (1) y 🖎 (2), se presentaron las definiciones del concepto de función. Una vez conocido este concepto, estamos en condiciones de plantear lo que son ecuaciones funcionales.

🖎 (53). Las ecuaciones donde las incógnitas son funciones reciben el nombre de *ecuaciones funcionales*.

En este tipo de ecuaciones suele aparecer una función de una o más variables. *La solución consiste en determinar las funciones que satisfacen la igualdad*, es decir, cualesquiera que sean los valores de las variables dentro de un determinado dominio.

Al resolver una ecuación funcional es conveniente fijarse en los siguientes datos:

- Dominio y codominio de definición.

Los historiadores afirman que las primeras ecuaciones funcionales aparecieron relacionadas con ciertos problemas geométricos y/o físicos. Se considera que en 1352 Nicolás Oresme (1320 - 1382) se interesó por la ecuación funcional

$$\frac{f(x_1) - f(x_2)}{f(x_2) - f(x_3)} = \frac{x_1 - x_2}{x_2 - x_3} \quad para\ todo\ x_1, x_2, x_3$$
$$\in \mathbb{R}\ tal\ que\ x_1 > x_2, > x_3 .$$

El matemático N. Oresme se refería a las funciones que resuelven esta ecuación como cantidades uniformemente deformadas y se planteó su caracterización. Posteriormente, en 1638 Galileo Galilei (1564-1642) utilizó para la verificación de su tesis sobre la caída libre de los cuerpos, la ecuación funcional

$$\frac{f\big((n+1)t\big) - f(nt)}{f(nt) - f\big((n-1)t\big)} = \frac{2n+1}{2n-1}$$
$$para\ todo\ t \in \mathbb{R}\ y\ n \in \mathbb{N} .$$

que es satisfecha por todo monomio cuadrático $f(x) = ax^2$. Posteriormente, en 1769, en conexión con el problema físico de describir el comportamiento de la superposición (o suma) de dos fuerzas a partir de sus propiedades axiomáticas, problema que sirve para motivar (y, de hecho, justificar) la ley del paralelogramo, D'Álembert estudiaría la ecuación funcional

$$f(x + y) + f(x - y) = 2f(x)f(y)$$

Con el tiempo muchas otras ecuaciones funcionales fueron apareciendo progresivamente en la literatura. Especialmente importantes fueron las aportaciones de Cauchy (1789-1857), quien introdujo y estudió en su famoso texto Cours D'Analyse Algebrique de 1821, las siguientes cuatro ecuaciones:

$$f(x + y) = f(x) + f(y)$$
$$f(xy) = f(x) + f(y)$$
$$f(x + y) = f(x)f(y)$$
$$f(xy) = f(x)f(y) ,$$

(todas ellas planteadas originalmente para funciones reales de variable real). Cauchy se interesó por estas ecuaciones porque ellas resultan de gran utilidad si queremos definir cuidadosamente algunas de las funciones elementales, como el logaritmo o las funciones trigonométricas.

- Condiciones extras impuestas.
- Ver ejemplos conocidos de aplicaciones que verifiquen las condiciones.

Procedimientos básicos para resolver ecuaciones funcionales

No hay en general un método para resolver las distintas ecuaciones funcionales. En algunos casos se puede decir algo al respecto, como veremos adelante, pero por lo general las soluciones dependen de cada problema en particular. Sin embargo, hay varias ideas comunes que resultan útiles al intentar resolver las ecuaciones funcionales, las que pueden agruparse en las siguientes:

1. Sustitución de las variables por valores o por otras variables.
2. Considerar las propiedades de las funciones
   - ✓ La inyectividad o sobreyectividad;
   - ✓ La monotonía.
3. Definición de nuevas funciones.
4. La inducción Matemática.
5. Considerar la identidad $f(x + y) = f(x) + f(y)$ (la ecuación de Cauchy en $\mathbb{N}$, $\mathbb{Z}$ o $\mathbb{Q}$).

☞ Observaciones:

- Siempre es útil, si la ecuación lo permite, estimar que funciones cumplen; por ejemplo, la función constante, identidad o lineal.
- Al llegar a una posible respuesta, siempre debemos verificar que efectivamente esa función cumple con la ecuación funcional.

1. Sustitución de las variables por valores o por otras variables

El artificio de *sustituir las variables por valores o por otras variables* es el más básico de todos, y por ende, se utiliza muchas veces junto a otras "técnicas" como las que veremos más adelante. Pero, las sustituciones se hacen menos obvias a medida que los problemas se vuelven más difíciles.

🔔 *(45)*. Hallar todas las funciones f: $\mathbb{R}^* \rightarrow \mathbb{R}^*$, con $x, y \in \mathbb{R}^*$, tales que:

$$f(x)f(y) - f(xy) = \frac{x}{y} + \frac{y}{x} \, .$$

Solución: Ⓟ ¿Cómo despejar $f(x)$? ¿Dónde comenzar?

Es buena idea, como primer paso el substituir en la ecuación funcional valores particulares y simples como ($x = 0$, $x = 1$, $x = -1$, $x = y$, etc). No hay una regla fija para saber qué sustitución es mejor. El único cuidado es considerar que el valor que se sustituye esté en el dominio. En efecto no podemos sustituir $x = y = 0$ en la ecuación que se nos presenta, pues $0 \notin \mathbb{R}^* = Dom(f)$.

Entonces vamos a intentar otro valor simple diferente de cero:

Al hacer $x = y = 1$ en la ecuación se tiene

$$f(1)f(1) - f(1) = \frac{1}{1} + \frac{1}{1} \implies f(1)^2 - f(1) - 2 = 0$$

Si cambiamos $f(1) = k$, resolviendo la ecuación $k^2 - k - 2 = 0$ obtenemos $f(1) = -1$ o $f(1) = 2$. Ahora ¿cuál de los dos valores es válido?

Analicemos los dos casos por separado:

- Para $f(1) = -1$, al tomar $y = 1$ en la ecuación original se obtiene que

$$f(x)f(1) - f(x \cdot 1) = \frac{x}{1} + \frac{1}{x} \implies -f(x) - f(x) = x + \frac{1}{x} \implies -2f(x) = x + \frac{1}{x}$$

Luego $f(x) = -\frac{1}{2}\left(x + \frac{1}{x}\right)$, $\quad \forall x \in \mathbb{R}^*$ $\qquad (I)$

- Para $f(1) = 2$, al tomar $y = 1$ en la ecuación original se obtiene que

$$f(x)f(1) - f(x \cdot 1) = \frac{x}{1} + \frac{1}{x} \implies 2f(x) - f(x) = x + \frac{1}{x}$$

Luego $f(x) = x + \frac{1}{x}$, $\forall x \in \mathbb{R}^*$ $\qquad (II)$

Como se observa $(I) \neq (II)$, y la única manera de saber la solución válida es comprobar si las dos funciones satisfacen la ecuación funcional.

Comprobemos la función (I):

$$f(x)f(y) - f(xy) = \frac{x}{y} + \frac{y}{x}$$

$$\left[-\frac{1}{2}\left(x + \frac{1}{x}\right)\right]\left[-\frac{1}{2}\left(y + \frac{1}{y}\right)\right] - \left[-\frac{1}{2}\left(xy + \frac{1}{xy}\right)\right] = xy + \frac{1}{xy} \neq \frac{x}{y} + \frac{y}{x}.$$

Por lo tanto, la función (I) no es válida. Ⓟ Compruebe el lector que la función (II) es la solución de la ecuación funcional.

☞ En el ejemplo anterior vimos la utilidad de sustituciones por valores específicos, sin embargo, en otras ocasiones interesan sustituciones más generales, como por ejemplo $x = \frac{1}{x}$, $x = x + y$, $x = x - y$, etc. Si la ecuación se encuentra en dos o más variables, por ejemplo x, y , de ser "conveniente" sustituir la "y" por la "x" (y viceversa), buscando siempre la simetría en las variables.

🔒 (46). Encontrar todas las funciones f: $\mathbb{R} \to \mathbb{R}$ tales que

- Para todos $x, y \in \mathbb{R}$, se cumple $f(x + y) = x^2 - f(y)$;
- $f(0) = 506$

¿Cuál es el valor de $f(2024)$?

Solución: Sustituyendo $y \to -x$, tenemos que

$$f(x - x) = x^2 - f(-x)$$
$$f(0) = x^2 - f(-x) \qquad (1)$$

Como $f(0) = 506$, entonces la expresión (1) resulta que

$$f(-x) = x^2 - 506 \qquad (2)$$

Sustituyendo $x \to -2024$ en la expresión (2), obtenemos

$$f(2024) = (-2024)^2 - 506 = 4\,096\,070$$

🔒 (47). Resolver la ecuación funcional $3f(x) - x^3 = f\left(\frac{1}{x}\right)$, con $x \in \mathbb{R}\backslash\{0\}$.

☐

Solución: Como se puede ver, nos enfrentamos a una ecuación cuya incógnita es una función, pero aparece un término que nos dificulta despejar $f(x)$. Por tanto realizamos el cambio $x = \frac{1}{x}$ y lo sustituimos en la ecuación, obteniendo:

$$3f\left(\frac{1}{x}\right) - \left(\frac{1}{x}\right)^3 = f(x) \quad (*)$$

La ecuación original es

$$3f(x) - x^3 = f\left(\frac{1}{x}\right)$$

Sustituyendo esta ultima en la ecuación $(*)$, obtenemos

$$3[3f(x) - x^3] - \left(\frac{1}{x}\right)^3 = f(x)$$

$$9f(x) - 3x^3 - \left(\frac{1}{x}\right)^3 = f(x)$$

Observamos que ya estamos en condiciones de despejar $f(x)$, realizando operaciones en la ecuación obtenemos la solución de la misma:

$$9f(x) - f(x) = 3x^3 + \left(\frac{1}{x}\right)^3$$

$$8f(x) = 3x^3 + \frac{1}{x^3}$$

$$f(x) = \frac{1}{8}\left(\frac{3x^6 + 1}{x^3}\right)$$

🎵 (48). Encontrar todas las funciones f: $\mathbb{R} \longrightarrow \mathbb{R}$ que verifican

$$f(1 - x) + 2f(x) = 3x^2 \, .$$

Solución: Consideremos

$$f(1 - x) + 2f(x) = 3x^2 \quad (I)$$

Al igual que el ejemplo 🎵 (47), en este ejercicio lo que se pretende es hallar la solución de una ecuación cuya incógnita es $f(x)$. Observamos que no podemos extraer directamente el valor de $f(x)$ de la ecuación pues hay un término,

$f(1 - x)$, que nos lo impide. Por lo tanto, en este tipo de ejercicios procedemos de la siguiente forma:

En primer lugar realizamos el cambio $x = 1 - x$ y sustituyendo en la ecuación obtenemos:

$$f(x) + 2f(1 - x) = 3(1 - x)^2 \quad (II)$$

De estas dos ecuaciones podemos eliminar $f(1 - x)$, multiplicando (I) por 2 y sustituyendo el resultado en (II), o sea

$$2f(1 - x) + 4f(x) = 6x^2 \quad \Longrightarrow 2f(1 - x) = 6x^2 - 4f(x).$$ ✆ Ojo, lo que nos permite hacer esto es lo planteado en ✒(20), en la página 40.

Sustituyendo la última expresión en (II) obtenemos:

$$f(x) + 6x^2 - 4f(x) = 3(1 - x)^2 \quad \Longrightarrow -3f(x) = 3(1 - x)^2 - 6x^2.$$

Entonces la solución de nuestra ecuación es

$$f(x) = x^2 + 2x - 1.$$

Ⓟ Comprueba la solución en la ecuación original.

♟ (49). Sea $f: \mathbb{Z} \to \mathbb{Z}$, una función tal que

$$f(0) = 0, \quad f(1) = 1, \quad f(2) = 2, \quad f(n + 12) = f(n + 21) = f(n), \quad \forall n \in \mathbb{Z}$$

¿Cuál es el valor de $f(2024)$?

Solución: Si en la ecuación $f(n + 12) = f(n + 21) = f(n)$ sustituimos

$n \to m - 12$, tenemos que

$f(m - 12 + 12) = f(m - 12 + 21) = f(m - 12)$. Como n puede variar en $\mathbb{Z}$, entonces m también varia, de modo que podemos afirmar que

$$f(m) = f(m + 9), \quad m \in \mathbb{Z}.$$

Sustituyendo $m \to n$ (para cambiar la letra de la variable), tenemos

$$f(n) = f(n + 9), \quad n \in \mathbb{Z}.$$

Si en $f(n + 12) = f(n)$ se sustituye n por $n - 9$, entonces

$$f(n - 9 + 12) = f(n - 9) \Longrightarrow f(n + 3) = f(n - 9)$$

y como $f(n - 9) = f(n - 9 + 9) = f(n)$, entonces $f(n) = f(n + 3)$, $n \in \mathbb{Z}$. Esto significa que f es una función de periodo 3, y como 2024 dividido entre 3 su residuo es 2, obtenemos

$$f(2024) = f(2) = 2.$$

✍ (54). Una función f es periódica si existe un número real $T \neq 0$ tal que
$f(x + T) = f(x), \ \forall x \in D(f)$.

🎖 (22).

   a) Prueba que existe una función f: $\mathbb{R}^* \longrightarrow \mathbb{R}$ que verifica

     • $f(x) = xf\left(\frac{1}{x}\right)$ para todo $x \in \mathbb{R}^*$.

     • $f(x) + f(y) = f(x + y) + 1$ para todo $x \in \mathbb{R}^*$ tales que para todo $x + y \neq 0$.

     Sugerencia: Considera el cambio de la variable mediante $x = y = \frac{z}{2}$.

   b) Hallar todas las funciones f: $\mathbb{R} \longrightarrow \mathbb{R}$ tales que
$$(x - y)f(x + y) - (x + y)f(x - y) = 4xy(x^2 - y^2)$$
   para todos $x, y \in \mathbb{R}$.

   Sugerencia: Considera los siguientes cambios de variables: $u = x - y$ y $v = x + y$.

2. Considerar las propiedades de las funciones

✒ Mostrar que las funciones deben satisfacer alguna propiedad: inyectividad o sobreyectividad, monotonicidad, paridad, conmutatividad, ver si son aditivas o mutiplicativas, etc. Alguna de estas propiedades puede ser clave para determinar la solución general de la ecuación.

En este libro nos fijaremos en los casos de la inyectividad o sobreyectividad, monotonicidad, y en los casos de funciones aditivas de la identidad de Cauchy.

   ✓ **Auxiliado de la inyectividad o sobreyectividad**

Investigar la inyectividad o sobreyectividad de las funciones que verifican una ecuación funcional es importante para simplificarla.

✍ (55). Una función, $f: X \longrightarrow Y$, se dice que es *inyectiva* si verifica alguna de estas dos condiciones equivalentes:

    a) Si a y b son elementos de X tales que $f(a) = f(b)$, entonces necesariamente $a = b$.

    b) Si a y b son elementos diferentes de X, necesariamente se cumple que $f(a) \neq f(b)$.

🔑 (50). Determinemos, por ejemplo, la inyectividad de las funciones $f: \mathbb{R} \longrightarrow \mathbb{R}$ definidas por

    a) $f(x) = 2x - 1$

    b) $f(x) = |x|$.

Solución a) Para comprobar la inyectividad, dado $f(x) = f(y)$ debe implicar $x = y$.
Si $f(x) = 2x - 1$ y $f(y) = 2y - 1$, entonces
$$f(x) = f(y) \implies 2x - 1 = 2y - 1 \implies 2x = 2y \implies x = y.$$
Por lo tanto, $f(x) = 2x - 1$ es inyectiva.

Solución b) La función $f(x) = |x|$ no es inyectiva, basta con darnos un contra ejemplo $f(1) = f(-1)$ con $1 \neq -1$. Ⓟ¿Por qué estos dos objetos distintos tienen la misma imagen? La respuesta está en la página 64, precisamente en ✍ (27).

🔔 (23). Determinar si las siguientes funciones son inyectivas, en su dominio de definición:

    a) $f(x) = \dfrac{x+1}{x}$.

    b) $f(x) = |x| - 1$

    c) $f(x) = \sqrt{\dfrac{2|x| + x + 2}{3x^{\frac{3}{2}} + 2x^{\frac{1}{2}}}}$.

d) $f(x) = \begin{cases} \frac{x+2}{1-x} & , \quad se \ x > 1 \\ \\ 2x & , \quad se \ x \leq 1 \end{cases}$

e) $f(x) = \frac{x^2+2}{x+1}$, $x > -1$.

(56). Una función, $f: X \longrightarrow Y$, se dice que es *sobreyectiva* si cada elemento de Y es la imagen de como mínimo un elemento de X, es decir, para todo y en Y existe x en X tal que $f(x) = y$.

(57). Las funciones que son *inyectivas y sobreyectivas* se llaman biyectivas (o biunívocas); en este caso, existe una función $g: Y \longrightarrow X$ a la que llamamos *función inversa*, que satisface $g(f(x)) = x$, para todo $x \in X$.

(51). Veamos algunos ejemplos en los que se determina la *sobreyectividad*:

a) La función $f: \mathbb{R} \longrightarrow \mathbb{R}$ definida por $f(x) = 3x + 5$ es sobreyectiva.

En efecto, como $f: \mathbb{R} \longrightarrow \mathbb{R}$, haciendo $f(x) = y$, tenemos $y = 3x + 5$. Despejando x, obtenemos:

$$x = \frac{y-5}{3} .$$

Luego, $\forall y \in \mathbb{R} \ \exists x = \frac{y-5}{3}$. De ahí que $f(x) = f\left(\frac{y-5}{3}\right) = 3\left(\frac{y-5}{3}\right) + 5 = y$. Por lo tanto, f es sobreyectiva.

b) En la función $f: \mathbb{R} - \left\{\frac{5}{2}\right\} \longrightarrow B$ definida por $f(x) = \frac{x}{2x-5}$

Al igualar $f(x) = y$, obtenemos

$$y = \frac{x}{2x - 5} .$$

Para definir la imagen debemos despejar x de la función:

$$y(2x - 5) = x \quad \Leftrightarrow \quad 2xy - 5y = x \Leftrightarrow 2xy - x = 5y \Leftrightarrow x\,(2y - 1) = 5y$$

$$\Leftrightarrow x = \frac{5y}{2y - 1}$$

Ⓟ Ahora, debemos realizar la siguiente pregunta. ¿Qué valores puede tomar "y" en la última expresión?

Puede tomar cualquier valor salvo el $\frac{1}{2}$, pues en ese valor la función se indefine.

Entonces la función dada es sobreyectiva para los valores reales distintos de $\frac{1}{2}$. Es decir, $B = \mathbb{R} - \left\{\frac{1}{2}\right\}$, $f: \mathbb{R} - \left\{\frac{5}{2}\right\} \to \mathbb{R} - \left\{\frac{1}{2}\right\}$.

c) Determina la sobreyectidad de función $f: \mathbb{R} \to \mathbb{R}$ definida por

$$f(x) = \left|\frac{x}{x^2 + 1}\right|.$$

Vamos a comprobar si el recorrido de función coincide con el condominio, que se ha definido sobre los reales. Para encontrar el conjunto imagen debemos realizar los siguientes procedimientos:

$$f(x) = \left(\frac{x}{x^2 + 1}\right) = b$$
$$bx^2 - x + b = 0$$
$$x_{1,2} = \frac{1 \pm \sqrt{1 - 4b^2}}{2b}$$

Luego, para que x no pertenezca a los imaginarios

$$1 - 4b^2 \geq 0$$
$$1 \geq 4b^2$$
$$\frac{1}{4} \geq b^2$$
$$\frac{1}{2} \geq b \geq -\frac{1}{2} .$$

Pero como $b \geq 0$ por el valor absoluto, la intercepción de los intervalos obtenidos es:

$$Im(f) = \left[0; \frac{1}{2}\right]$$

Por lo tanto, la función no es sobreyectiva, pues la imagen solo puede tomar valores $\left[0; \frac{1}{2}\right]$. Ⓟ Comprueba que no es biyectiva.

👓 Una de las simplificaciones que nos permite utilizar el hecho de conocer que la función incógnita $f(x)$ es inyectva, es el que, ante una igualdad de la forma

$f(A) = f(B)$, se deduce directamente que $A = B$, donde A y B pueden ser expresiones que contengan tanto a la función incógnita, como a las variables y a constantes. De esta forma, si nos pidieran calcular todas las funciones inyectivas tales que $f(x + f(y)) = f(y + f(x))$, sabríamos directamente que

$$x + f(y) = y + f(x).$$

Sustituyendo ahora $y = 0$, habríamos acabado, pues tendríamos que

$$f(x) = x + k,$$

donde $k = f(0)$ puede tomar a priori cualquier valor. Si sustituimos esta solución general en la ecuación dada, veríamos que es cierta para cualquier k, con lo que ésta sería la solución general (y única) del problema.

⌒ Si no sabemos a priori si una función incógnita $f(x)$ es inyectiva, puede ser un avance muy importante en la resolución del problema el demostrar que sí lo es. Si somos capaces de encontrar una relación de la forma $f(f(x)) = A$, donde A es una expresión que depende de forma inyectiva de x (por ejemplo $A = ax + b$, donde $a \neq 0$ y b son constantes). En este último caso, podemos decir que, si x e y son tales que $f(x) = f(y)$, entonces $ax + b = f(f(x)) = f(f(y)) = ay + b$, de donde se deduce que $x = y$ y la inyectividad queda demostrada.

⌒ Por otro lado, en el caso de que la función sea sobreyectiva, podemos darle a $f(x)$ los valores que nosotros queramos o necesitemos para simplificar nuestra ecuación.

(52). (Ibero, 2020) Encuentra todas las funciones $f \colon \mathbb{R} \longrightarrow \mathbb{R}$ tal que

$$f(xf(x - y)) + yf(x) = x + y + f(x^2)$$

para todos $x, y \in \mathbb{R}$.

Solución: Sea $P(x,y)$ la identidad $f(xf(x-y)) + yf(x) = x + y + f(x^2)$ para todos $x,y \in \mathbb{R}$.

- $P(0,1)$ implica que $f(0) = 1$.
- $P(1,1)$ implica que $f(1) = 2$.
- $P(1,1-x)$ implica que $f(f(x)) = x + 2$, de donde f es biyectiva.

Ahora para x arbitrario sea y tal que $f(x-y) = x$. Entonces,

- $P(x,y)$ implica que $yf(x) = x + y$ $(*)$.
- Sabemos que $f(f(x-y)) = x - y + 2$ y que $f(f(x-y)) = f(x)$, de donde $f(x) = x - y + 2$.
- Substituyendo esto último en $(*)$ tenemos que $y(x - y + 2) = x + y$ lo que implica que $(y-1)(y-x) = 0$.
- $y = x$ no tiene sentido, de donde $y = 1$ y obtenemos que $f(x-1) = x$ que implica que $f(x) = x + 1$ para todo $x \in \mathbb{R}$, tal cual se comprueba que cumple P.

◪ (53). Encuentra todas las funciones $f\colon \mathbb{R} \longrightarrow \mathbb{R}$ tales que

$$f(f(x) + y) = 2x + f(f(y) - x)$$

para todos $x,y \in \mathbb{R}$.

Solución: Sustituyendo $y \longrightarrow -f(x)$, tenemos que

$$f(f(x) - f(x)) = 2x + f(f(-f(x)) - x)$$
$$\Longrightarrow f(0) = 2x + f(f(-f(x)) - x). \qquad (1)$$

Al sustituir $x \longrightarrow \frac{f(0)-x}{2}$ en la ecuación (1), obtenemos que

$$f(0) = 2\left(\frac{f(0) - x}{2}\right) + f\left(f\left(-f\left(\frac{f(0) - x}{2}\right)\right) - \frac{f(0) - x}{2}\right)$$

Denotando

$$z = f\left(-f\left(\frac{f(0) - x}{2}\right)\right) - \frac{f(0) - x}{2},$$

151

se cumple que

$$f(0) = f(0) - x + f(z)$$
$$\Rightarrow f(z) = x \, ,$$

es decir, para todo $x \in \mathbb{R}$ existe $z \in \mathbb{R}$ tal que $f(z) = x$, por lo que f es sobrejectiva.

En particular, existe z_0 tal que $f(z_0) = 0$ y reemplazando $x = z_0$ en la función original, tenemos que

$$f(f(z_0) + y) = 2z_0 + f(f(y) - z_0)$$
$$f(y) = 2z_0 + f(f(y) - z_0)$$
$$\Rightarrow f(f(y) - z_0) = f(f(y) - z_0) - z_0 \, . \qquad (2)$$

Ahora, como f es sobreyectiva, para todo $x \in \mathbb{R}$, existe w tal que $f(w) = x + z_0$, pues $x + z_0$ también pertenece a $\mathbb{R}$. Por lo tanto, si para cada x, reemplazamos y por w, obtenemos que

$$f(f(w) - z_0) = f(f(w) - z_0) - z_0$$
$$f(x + z_0 - z_0) = (x + z_0 - z_0) - z_0$$
$$f(x) = x - z_0$$

para todo $x \in \mathbb{R}$.

En conclusión, las soluciones de la ecuación funcional son de la forma

$f(x) = x - c$, donde $c \in \mathbb{R}$ es una constante. Ⓟ Compruebe el lector que todas estas verifican la ecuación funcional.

✓ Auxiliado de la monotonía

⚐ Un resultado importante que tenemos que tener presente es que si una función es estrictamente monótona, entonces es inyectiva. En efecto, supongamos sin pérdida de generalidad que f es estrictamente creciente. Ahora, si se cumple que $f(x) = f(y)$, no puede ser $x > y$, pues en ese caso $f(x) > f(y)$. Análogamente, no puede darse $x < y$. En consecuencia, se cumple que $x = y$, lo que demuestra la inyectividad de f.

🔔 (54). Sea $f: \mathbb{R} \longrightarrow \mathbb{R}$ una función estrictamente decreciente y verificando

$$f(x + y) + f(f(x) + f(y)) = f\left(f(x + f(y)) + f(y + f(x))\right) \quad \forall x, y \in \mathbb{R}$$

Encuentra una relación entre $f(f(x)) > x$.

Solución: Tomando $x = y$ tenemos

$$f(2x) + f(2f(x)) = f\left(2f(x + f(x))\right) \qquad (1)$$

Tomando $x = f(x)$, tenemos

$$f(2f(x)) + f\left(2f(f(x))\right) = f\left(2f\left(f(x) + f(f(x))\right)\right) \qquad (2).$$

Restando (2) y (1) tenemos

$$f(2x) - \left(2f(f(x))\right) = f\left(2f(x + f(x))\right) - f\left(2f\left(f(x) + f(f(x))\right)\right).$$

La función es estrictamente decreciente.

Supongamos $f(f(x)) > x$, entonces

$$2f(f(x)) > 2x \;\Leftrightarrow\; f\left(2f(f(x))\right) < f(2x)$$

$$\Leftrightarrow f\left(2f(x + f(x))\right) > f\left(2f\left(f(x) + f(f(x))\right)\right)$$

$$\Leftrightarrow 2f(x + f(x)) < 2f\left(f(x) + f(f(x))\right)$$

$$\Leftrightarrow f(x + f(x)) < f\left(f(x) + f(f(x))\right)$$

$$\Leftrightarrow x + f(x) > f(x) + f(f(x))$$

$$\Leftrightarrow x > f(f(x)),$$

lo que es una contradicción. Por tanto siempre $f(f(x)) = x$

🔔 (55). 📚(IMO, 1993) Encontrar todas las funciones estrictamente crecientes

f: $\mathbb{N} \longrightarrow \mathbb{N}$ que satisfacen

$$f(nf(m)) = m^2 f(mn), \qquad \forall n, m \in \mathbb{N}.$$

Solución: Al remplazar $n = 1$ en la ecuación funcional, obtenemos que

$f(f(m)) = m^2 f(m) \qquad (1).$

Por lo tanto, si $f(m) = f(n)$ y usamos 1, entonces

$$f\big(f(m)\big) = f\big(f(n)\big) \;\Rightarrow\; m^2 f(m) = n^2 f(n) \;\Rightarrow\; m^2 = n^2 \;\Rightarrow\; m = n \text{ , es decir que}$$

f es injectiva.

☞ Pudimos haber omitido esta demostración de la inyectividad de f y reemplazarla por el hecho de que al ser f estrictamente creciente, entonces necesariamente es inyectiva.

Ahora, sustituyendo $n \longrightarrow f(n)$ en la ecuación funcional inicial y usando (1), tenemos que

$$f\big(f(n)f(m)\big) = m^2 f(f(n)m) = m^2 n^2 f(nm) = (mn)^2 f(nm) = f\big(f(nm)\big),$$

como f es inyectiva, entonces

$$f(n)f(m) = f(nm) \qquad\qquad (2).$$

Observamos que $f(m) = m^2$ es una solución de la ecuación funcional. Probaremos que es la única solución. En efecto, supongamos que existe $m \in \mathbb{N}$ tal que $f(m) \neq m^2$. Evaluaremos los siguientes casos:

- Si $f(m) > m^2$, como f es estritamente creciente, entonces
  $f\big(f(m)\big) > f(m^2)$. De (1) y (2), concluimos que

$$f\big(f(m)\big) > f(m \cdot m)$$
$$m^2 f(m) > f(m)f(m)$$
$$m^2 > f(m),$$

  lo que es una contradicción.

- Si $f(m) < m^2$, como f es estritamente creciente, entonces
  $f\big(f(m)\big) < f(m^2)$. De (1) y (2), concluimos que

$$f\big(f(m)\big) < f(m \cdot m)$$
$$m^2 f(m) < f(m)f(m)$$
$$m^2 < f(m),$$

  lo que también es una contradicción.

Finalmente, se cumple que $f(m) = m^2$ para todo $m \in \mathbb{N}$ es la unica solución de la ecuación funcional.

3. Auxiliado de la definición de nuevas funciones

$\mathcal{O}\!\!\!\!\sim$ La idea principal detrás de esta artificio es la simplificación de la ecuación a través de la definición de una función auxiliar, resultado de aplicar alguna operación o transformación sobre la función a hallar, de forma que esta última satisface la ecuación funcional dada, si y solo si, la función auxiliar satisface una ecuación funcional más sencilla, resolviéndose entonces esta segunda. Por ejemplo si sospechamos que una ecuación funcional tiene como solución $f(x) = x - 1$, pueden definir $g(x) = f(x) + 1$ y tratar de demostrar que $g(x) = x$.

$\clubsuit$ (56). Determina todas las funciones $f: \mathbb{R} \to \mathbb{R}$ verificando

$$f(x + y) = f(x) + f(y) + 2xy$$

Solución: Una posible solución es $f(x) = x^2$ ya que $(x + y)^2 = x^2 + y^2 + 2xy$

Si g es otra solución tenemos

$$g(x + y) = g(x) + g(y) + 2xy$$

Restando la relación $(x + y)^2 = x^2 + y^2 + 2xy$, tenemos

$$g(x + y) - (x + y)^2 = g(x) - x^2 + g(y) - y^2$$

llamando $h(x) = g(x) - x^2$, tenemos $h(x + y) = h(x) + h(y)$ para todos $x, y \in \mathbb{R}$. Entonces existe $k \in \mathbb{R}$ tal que $h(x) = kx$ para todo $x \in \mathbb{R}$.

$$g(x) - x^2 = kx \implies g(x) = x^2 + kx , \quad \text{para todo } x \in \mathbb{R}.$$

Por lo tanto, las soluciones son de la forma $g(x) = x^2 + kx$.

$\clubsuit$ (57). Hallar todas las funciones $f: \mathbb{R} \to \mathbb{R}$ tal que

$$f\big(x - f(y)\big) = x + y - f(x) , \quad \forall \, x, y \in \mathbb{R}.$$

Solución: Sustituyendo $y \to x$, tenemos que

$$f\big(x - f(x)\big) = 2x - f(x) \qquad (1)$$

Ahora definamos $g(x) = x - f(x)$. Reemplazando en (1), resulta que

$$f\big(x - f(x)\big) = x + x - f(x)$$

$$f(g(x)) = x + g(x)$$
$$f(g(x)) - g(x) = x$$
$$g(x) - f(g(x)) = -x$$
$$\Rightarrow g(g(x)) = -x \, , \qquad (2)$$

para todo $x \in \mathbb{R}$.

Reemplazando $x = f(0)$ y $y = 0$ en la ecuación original, obtenemos que

$$f(f(0) - f(0)) = f(0) + 0 - f(f(0))$$
$$f(0) = f(0) - f(f(0))$$
$$\Rightarrow f(f(0)) = 0 \qquad (3)$$

Por otro lado, $g(f(0)) = f(0) - f(f(0)) = f(0)$, aplicando g a este resultado y usando (2) , tenemos que

$$g\big(g(f(0))\big) = g(f(0))$$
$$-f(0) = f(0)$$
$$\Rightarrow f(0) = 0$$

Finalmente, al hacer $y = 0$ en la ecuación funcional original, resulta que

$$f(x - f(0)) = x - f(x)$$
$$f(x) = x - f(x)$$
$$\Rightarrow f(x) = \frac{x}{2},$$

para todo x. Al verificar si esta función cumple, tenemos que

$$f(x - f(y)) = x + y - f(x)$$
$$f\left(x - \frac{y}{2}\right) = x + y - \frac{x}{2}$$
$$\frac{x}{2} - \frac{y}{4} = \frac{x}{2} + y$$
$$\Rightarrow y = 0,$$

es decir, solo se verifica para $y = 0$, pero se debe verificar para $y \in \mathbb{R}$, por lo que es una contradicción.

En conclusión, no hay funciones que cumplan con las condiciones del problema.

🔓 (58). Hallar las funciones $f(x)$ que cumplen

$$f\left(\frac{x-3}{x+1}\right) + f\left(\frac{3+x}{1-x}\right) = x, \quad \forall\, x \in \mathbb{R}, \ tal\ que\ |x| \neq 1.$$

Solución: Sea $h(x) = \frac{x-3}{x+1}$. Entonces

$$h(h(x)) = \frac{h(x)-3}{h(x)+1} = \frac{\frac{x-3}{x+1}-3}{\frac{x-3}{x+1}+1} = \frac{x+3-3(x+1)}{x-3+(x+1)} = \frac{x+3}{1-x}$$

Análogamente,

$$h\left(h(h(x))\right) = \frac{h(h(x))-3}{h(h(x))+1} == \frac{\frac{x+3}{1-x}-3}{\frac{x+3}{1-x}+1} = \frac{x+3-3(1-x)}{x+3+(1-x)} = x$$

y la ecuación propuesta se puede escribir como

$$f(h(x)) + f\left(h(h(x))\right) = x \qquad (I)$$

Sustituyendo x por $h(x)$, resulta

$$f\left(h(h(x))\right) + f(x) = h(x) \qquad (II)$$

y sustituyendo x por $h(x)$ una vez más queda

$$f(x) + f(h(x)) = h(h(x)) \qquad (III)$$

Sumando (II) y (III), y de este resultado restando (I), queda

$$2f(x) = h(h(x)) + h(x) - x$$

o bien

$$f(x) = \frac{x+3}{2(1-x)} + \frac{x-3}{2(x+1)} - \frac{x}{2} = \frac{x(x^2+7)}{2(1-x^2)}$$

Ⓟ Compruebe el lector si esta solución satisface la ecuación funcional original.

🎖 (24).

a) Resolver

$$f\left(\frac{1+x}{1-x}\right) + f\left(-\frac{1}{x}\right) + f\left(\frac{x-1}{1+x}\right) = x,$$

en su dominio de definición.

Sugerencia: Defina como función auxiliar $h(x) = \frac{1+x}{1-x}$.

b) Hallar todas funciones $f\colon \mathbb{R} \longrightarrow \mathbb{R}$ que cumplen que

$$f(x) + f\left(\frac{1}{1-x}\right) = x$$

para cualquier $x \in \mathbb{R}$ distinto de 0 y de 1.

Sugerencia: Considera la función auxiliar $g(x) = \frac{1}{1-x}$.

4. Auxiliado de la inducción matemática

Este método consiste en usar el valor de $f(1)$ para encontrar todas las $f(n)$ cuando n es un entero. Esto se puede extender a encontrar $f\left(\frac{1}{n}\right)$ y después a $f(q)$ para un racional q. Si el dominio de la función está definido en $\mathbb{N}$, $\mathbb{Z}$ o en $\mathbb{Q}$, este método es particularmente útil. Sin embargo, aunque la función esté definida para todos los reales, es conveniente intentar esto en algún momento.

(59). Hallar todas las funciones f: $\mathbb{N} \longrightarrow \mathbb{R}$ que satisfacen $f(1) = 3$, $f(2) = 2$ y $f(n+2) + \frac{1}{f(n)} = 2$, para todos $n \in \mathbb{N}$.

Solución: Observemos que de la ecuación original obtenemos que si $n = 1$

$$f(1+2) + \frac{1}{f(1)} = 2 \quad \Rightarrow \quad f(3) = 2 - \frac{1}{f(1)} = 2 - \frac{1}{3} = \frac{5}{3}$$

y

$$f(4) = 2 - \frac{1}{f(2)} = 2 - \frac{1}{2} = \frac{3}{2} = \frac{6}{4}.$$

De estos resultados, podemos estimar que $f(n) = \frac{n+2}{n}$ se cumple para todo número natura n. Probemos que esto es verdad por inducción. De los datos, tenemos que efectivamente está conjetura es cierta para los casos base $n = 1$ y $n = 2$. Ahora, suponiendo que es cierto para n (hipótesis inductiva) probaremos que también se verifica para $n + 2$.

En efecto, puesto que $f(n) = \frac{n+2}{n}$, tenemos que

$$f(n+2) = 2 - \frac{1}{f(n)} = 2 - \frac{1}{\frac{n+2}{n}} = 2 - \frac{n}{n+2} = \frac{n+4}{n+2}$$

En conclusión, $f(n) = \frac{n+2}{n}$ $\quad \forall n \in \mathbb{N}$, es la solución es la solución de la ecuación funcional.

♪ (60). (OME, 2021) Encontrar todas las funciones f: $\mathbb{N} \longrightarrow \mathbb{N}$, tales que:

$$f(n) + f(f(n)) + f\big(f(f(n))\big) = 3n$$

Para todo número natural n $\in \mathbb{N}$.

Solución: Primeramente hay que subrayar que aquí $\mathbb{N} = \{1,2,3,\dots\}$.

Veamos que obtenemos al hacer n = 1 en la ecuación funcional:

$$\underbrace{f(1)}_{\geq 1} + \underbrace{f(f(1))}_{\geq 1} + \underbrace{f\big(f(f(1))\big)}_{\geq 1} = 3 \cdot 1 = 3$$

Esto solo puede suceder si $f(1) = 1$, $f(f(1)) = 1$ y $f\big(f(f(1))\big) = 1$.

La pregunta natural que nos hacemos es si $\exists n_0 \in \mathbb{N}$ con $n_0 \neq 1$, tales que $f(n_0) = 1$. Supongamos que sí. Entonces:

$$\underbrace{f(n_0)}_{1} + f\left(\underbrace{f(n_0)}_{1}\right) + f\left(f\left(\underbrace{f(n_0)}_{1}\right)\right) = 1 + f(1) + f(f(1)) = 3 = 3n_0 \Longrightarrow n_0 = 1$$

Luego $f(1) = 1$ $\quad$ y $\quad$ $f(n_0) \geq 2$ $\quad \forall n_0 \geq 2$.

Si ahora evaluamos en n = 2, obtenemos que:

$$\underbrace{f(2)}_{\geq 2} + \underbrace{f(f(2))}_{\geq 2} + \underbrace{f\big(f(f(2))\big)}_{\geq 2} = 3 \cdot 2 = 6$$

Esto solo puede suceder si $f(2) = 2$, $f(f(2)) = 2$ y $f\big(f(f(2))\big) = 2$.

Ⓟ ¿Si tiene entonces que $f(n) = n$ $\quad \forall n \in \mathbb{N}$?

Vamos a ver que $f(n) = n,$ $\forall n \in \mathbb{N}$ por inducción en $\mathbb{N}$. Ya tenemos visto que se cumple caso base para n = 1, por lo que vamos a ver el paso inductivo, es decir, supuesto cierto para n queremos verlo para n + 1. Supongamos que $\exists n_0 > n$ tal que $f(n_0) = n$. Entonces:

$$\underbrace{f(n_0)}_{n} + f\left(\underbrace{f(n_0)}_{n}\right) + f\left(f\left(\underbrace{f(n_0)}_{n}\right)\right)$$

$$= n + f(n) + f\big(f(n)\big) \underset{\substack{Hip\acute{o}tesis \\ de\ inducci\acute{o}n}}{=} n + n + n = 3n = 3n_0 \Rightarrow n_0 = n$$

Por lo tanto:

$f(n) = n$ y $f(n_0) \geq n + 1$, $\forall n_0 \geq n + 1$.

Por último, evaluamos en $n + 1$;

$$\underbrace{f(n + 1)}_{\geq n+1} + \underbrace{f\big(f(n + 1)\big)}_{\geq n+1} + \underbrace{f\left(f\big(f(n + 1)\big)\right)}_{\geq n+1} = 3(n + 1)$$

Esto solo puede suceder si

$f(n + 1) = n + 1, f\big(f(n + 1)\big) = n + 1$ y $f\left(f\big(f(n + 1)\big)\right) = n + 1.$ ∎

Es decir, la única función posible es la identidad $f(n) = n,$ $\forall n \in \mathbb{N}$, por lo que esta función es la solución de la ecuación funcional.

✒ (61). 📚(Ucrania, 1997) Encontrar todas las funciones f que van de $\mathbb{Q}^+ \cup \{0\}$ en si mismo, que satisfacen las siguientes condiciones:

  i. $f(x + 1) = f(x) + 1$, para todo $x \in \mathbb{Q}^+ \cup \{0\}$.
  ii. $f(x^2) = f(x)^2$, para todo $x \in \mathbb{Q}^+ \cup \{0\}$.

Solución: Probemos por inducción que $f(x + n) = f(x) + n$, para todo $x \in \mathbb{Q}^+ \cup \{0\}$ y $n \in \mathbb{N}$. En efecto, el caso base $n = 1$ es cierto por la condición (i). Ahora, supongamos que nuestra conjetura es cierta para n (hipótesis inductiva), entonces por la condición (i)

$$f(x + n + 1) = f(x + n) + 1 = f(x) + n + 1,$$

por lo que nuestra afirmación también es cierta para $n+1$ con lo que concluye nuestra inducción.

Luego, tomando $x = \frac{p}{q} + q$, con $p \in \mathbb{N} \cup \{0\}$ y $q \in \mathbb{N}$, en la condición (ii) y aplicando el resultado anterior, tenemos que

$$f\left(\left(\frac{p}{q}+q\right)^2\right) = \left(f\left(\frac{p}{q}+q\right)\right)^2$$

$$f\left(\frac{p^2}{q^2}+2q\frac{p}{q}+q^2\right) = \left(f\left(\frac{p}{q}\right)+q\right)^2$$

$$f\left(\frac{p^2}{q^2}+2p+q^2\right) = f\left(\frac{p}{q}\right)^2 + 2qf\left(\frac{p}{q}\right)+q^2$$

$$f\left(\frac{p}{q}\right)^2 + 2p + q^2 = f\left(\frac{p}{q}\right)^2 + 2qf\left(\frac{p}{q}\right)+q^2$$

$$2p = 2qf\left(\frac{p}{q}\right)$$

$$\Rightarrow \ f\left(\frac{p}{q}\right) = \frac{p}{q}$$

En conclusión $f(x) = x$, para todo $x \in \mathbb{Q}^+ \cup \{0\}$

Ⓟ No se confíe en lo que está escrito y compruebe esta solución.

(25). (OME, 2015) Encuentra todas las aplicaciones $f: \mathbb{Z} \rightarrow \mathbb{Z}$ que verifican

$$f(n) + f(n+1) = 2n + 1$$

para cualquier entero n y además

$$\sum_{i=1}^{63} f(i) = 2015$$

Sugerencia: Compruébese por inducción que $f(n) = n + (-1)^n f(0)$ para cada entero n. La segunda condición permite calcular $f(0) = 1$, con lo que la única función que satisface las condiciones de enunciado es
$f(n) = n + (-1)^n$.

5. Auxiliado de la identidad $f(x + y) = f(x) + f(y)$ (la ecuación de Cauchy en $\mathbb{N}$, $\mathbb{Z}$ o $\mathbb{Q}$).

$\mathcal{G}\!\!\mathcal{F}$ Consideremos la ecuación funcional

$$f(x + y) = f(x) + f(y) \quad (1)$$

Las soluciones f de (1) se llaman, por motivos evidentes, funciones aditivas. Cauchy demostró en 1821 que si $f\colon \mathbb{R} \longrightarrow \mathbb{R}$ es una función continua que satisface (1), entonces $f(x) = cx$ para cierta constante c.

Veamos cómo se puede demostrar esto en $\mathbb{N}$, $\mathbb{Z}$ o $\mathbb{Q}$.

Si se tiene $f(x + y) = f(x) + f(y)$ para todos los x, y definidos en $\mathbb{N}$, $\mathbb{Z}$ o $\mathbb{Q}$, entonces es conocido que $f(x) = x$ es la única solución. Para aplicar ésta en la solución de una ecuación funcional, el ingenio consiste en reducir el problema a la ecuación $f(x + y) = f(x) + f(y)$. Esto es útil ya que de ésta ya conocemos la solución.

Para ver cuáles son las funciones que satisfacen $f(x + y) = f(x) + f(y)$, procederemos de forma ordena a hallar los valores de f en $\mathbb{N}$, luego en $\mathbb{Z}$ y finalmente en $\mathbb{Q}$.

Si hacemos $y = 0$ nos lleva a que

$f(x) = f(x) + f(0)$, esto es $f(0) = 0$

Aprovechemos este valor que conocemos de f.

Augustin-Louis Cauchy (París, 1789 - Sceaux, Francia, 1857) Matemático francés. Era el mayor de los seis hijos de un abogado católico y realista, que hubo de retirarse a Arcueil cuando estalló la Revolución Francesa.

Fue educado en casa por su padre y no ingresó en la escuela hasta los trece años, aunque pronto empezó a ganar premios académicos. A los dieciséis entró en la École Polytechnique parisina y a los dieciocho asistía a una escuela de ingeniería civil, donde se graduó tres años después.

Con veintisiete años, Augustin-Louis Cauchy era ya uno de los matemáticos de mayor prestigio, y empezó a trabajar en las funciones de variable compleja, publicando las trescientas páginas de esa investigación once años después.

Publicó un total de 789 trabajos, entre los que se encuentra el concepto de límite. Su extensa obra introdujo y consolidó el concepto fundamental de rigor matemático.

Para $y = -x$, nos queda que $f(0) = f(x) + f(-x)$, es decir, $f(x) = -f(-x)$, por lo que f es una función impar. Ahora, podemos enfocarnos en las $x, y \in \mathbb{R}^+$. Usando $x = y$ obtenemos que $f(2x) = 2f(x)$. Aquí hay posibilidad de encontrar un patrón y usar inducción... probemos $y = 2x$.

Realizando dicha sustitución, empleando $f(2x) = 2f(x)$ y realizando un poco de simplificación, llegaremos a que $f(3x) = 3f(x)$. Podemos conjeturar que

$f(nx) = nf(x)$ para todo $n \in \mathbb{N}$.

Un sencillo inductivo nos permite probar lo anterior, y usando el hecho de que $f(0) = 0$ y que f es par, podemos decir que

$f(nx) = nf(x)$ para todo $n \in \mathbb{Z}$.

Hemos demostrado esta ecuación para los enteros, pero falta demostrarlo para los racionales. Para ello tomamos $x = \dfrac{m}{n} \in \mathbb{Q}$

De esta relación es claro que $n \cdot x = m \cdot 1$, por lo tanto, $f(n \cdot x) = f(m \cdot 1)$. Usando la relación que ya demostramos $f(nx) = nf(x)$ en ambos lados de esa igualdad, obtenemos que $nf(x) = mf(1)$, por lo tanto,

$$f(x) = \frac{m}{n}f(1)$$

Ahora bien, si hacemos $c = f(1)$, por la relación anterior podemos concluir que

$f(x) = cx$ ∎

⌢ Se puede emplear la continuidad, monotonocidad o acotamiento para demostrar que se cumple esta ecuación para los reales, pero en éste libro no se cubren dichos aspectos, pues es un contenido que corresponde a nivel superior. Por ahora se asumirá que es cierto al tener verdadera la relación para los racionales.

(26). Prueba que si $f \colon \mathbb{R} \to \mathbb{R}$ es tal que $f(x + y) = f(x)f(y)$, $\forall x, y \in \mathbb{R}$, entonces $f(x) = 0$ ó $f(x) = e^{A(x)}$, donde $A \colon \mathbb{R} \to \mathbb{R}$ es una función aditiva y e es la base de los *logaritmos naturales* $\ln$.

> *Sugerencia: Para el caso de $f(x) = 0$ es fácil ver que la función es idénticamente nula. Para lograr probar el caso de $f(x) = e^{A(x)}$, considera el cam-*

bio de la variable $x = y = \frac{t}{2}$ y seguidamente aplica logaritmo natural en ambos lados de la igualdad.

(27). Prueba que si $f: \mathbb{R}^* \to \mathbb{R}$ es tal que $f(xy) = f(x) + f(y)$, $\forall x, y \in \mathbb{R}^*$, entonces $f(x) = A(ln|x|)$, donde $A: \mathbb{R} \to \mathbb{R}$ es una función aditiva y ln es logaritmo natural.

Sugerencia: Siga el racionamiento dado en la resolución de la tarea (26), pero considera las definiciones y propiedades planteadas, respectivamente, en (36) y (37), en la página 78.

(62). Hallar todas las funciones $f: \mathbb{Q} \to \mathbb{Q}$ tal que

$$f\left(\frac{x+y}{2}\right) = \frac{f(x) + f(y)}{2} \ , \quad para \ to \ x, y \in \mathbb{Q}.$$

Solución: Reemplazando $y = 0$, tenemos que

$$f\left(\frac{x}{2}\right) = \frac{f(x) + f(0)}{2} \qquad (1)$$

Sustituyendo $x \to x + y$ en (1), obtenemos que

$$f\left(\frac{x+y}{2}\right) = \frac{f(x+y) + f(0)}{2}$$

$$\frac{f(x) + f(y)}{2} = \frac{f(x+y) + f(0)}{2}$$

$$f(x) + f(y) = f(x+y) + f(0). \qquad (2)$$

Ahora, definimos la función $g(x) = f(x) - f(0)$. Luego al reemplazar en (2), resulta que

$$g(x) + f(0) + g(y) + f(0) = g(x+y) + f(0) + f(0)$$

$$\Leftrightarrow g(x) + g(y) = g(x+y)$$

para todo $x, y \in \mathbb{Q}$. Por lo tanto, como g satisface la identidad de Cauchy, tenemos $g(x) = ax$ con $a \in \mathbb{Q}$ constante. En consecuencia, si denotamos $b = f(0)$, las soluciones de la ecuación funcional son de la forma $f(x) = ax + b$ con a y b en $\mathbb{Q}$. Podemos verificar fácilmente que todas estas funciones satisfacen las condiciones del problema.

🔔 (63). Determina todas las funciones continuas $f \colon \mathbb{R} \longrightarrow \mathbb{R}$ tales que, fijando $a > 0$ y $x, y \in \mathbb{R}$

$$f(x + y) = a^y f(x) + a^x f(y).$$

Solución: Primeramente vamos a dividir los dos miembros de la ecuación funcional entre $a^x a^y$:

$$\frac{f(x+y)}{a^x a^y} = \frac{f(x)}{a^x} + \frac{f(y)}{a^y}.$$

Ahora denotemos $g(x) = \frac{f(x)}{a^x}$. Así siendo, tenemos que

$$g(x + y) = g(x) + g(y).$$

Así g es aditiva. Como f y a^x son continuas se cumple también que g es continua[16]. Ahora, por la identidad de Cauchy en $\mathbb{R}$, tenemos que existe $c \in \mathbb{R}$ tal que $g(x) = cx$, $\forall x \in \mathbb{R}$.

Por lo tanto $f(x) = cxa^x$.

Vamos a comprobar que esta solución satisface la ecuación funcional:

Sean $x, y \in \mathbb{R}$

$$f(x + y) = c(x + y)a^{x+y} = ca^x a^y x + ca^x a^y y = a^y f(x) + a^x f(y).$$

🔧 **(75). Miscelánea de ecuaciones funcionales**

a) Sea f una función definida en $\mathbb{Q}^+$, tales que

- $f(1) = 9$,
- $f(x \cdot f(y)) = x \cdot f(f(y))$;

Calcula $f(2024)$.

---

[16] *Teorema:* Si $f, g \colon A \longrightarrow \mathbb{R}$ son continuas en el punto $a \in A$, entonces $f + g$, $f - g$ e $f \cdot g$ son continuas en a. Si $g(a) \neq 0$, entonces $\frac{f}{g}$ también es continua en a.

b) La función $f: \mathbb{R} \longrightarrow \mathbb{R}$ satisface:

- Para todos $x, y \in \mathbb{R}$, se cumple $f(x + f(y)) = x + f(f(y))$;
- $f(2) = 100$.

Calcula $f(2024)$.

c) Encontrar todas las funciones $f: \mathbb{N} \longrightarrow \mathbb{N}$ tales que

$$f(n) + f(f(n)) + f\big(f(f(n))\big) = n, \qquad \forall n \in \mathbb{N}.$$

d) Sea $f: \mathbb{N} \longrightarrow \mathbb{Z}$ una función que cumple que $f(0) = 1$ y, para cualesquier $m, n \in \mathbb{N}$, definida por

$$f(m + n) = f(m) - f(n) + 1.$$

Determina el valor de $f(2030)$.

e) Hallar todas las funciones todas las funciones $f: \mathbb{R} \longrightarrow \mathbb{R}$ que verifican que

$$f(x^2 - y^2) = (x - y)(f(x) + f(y))$$

para cualesquier $x, y \in \mathbb{R}$.

f) Hallar todas las funciones $f: \mathbb{R} \longrightarrow \mathbb{R}$ tales que

$$f\big(x^2 + f(y)\big) = y + f(x)^2, \qquad para\ todo\ x, y \in \mathbb{R}.$$

g) Determinar todas las funciones $f: \mathbb{R} \longrightarrow \mathbb{R}$ tales que,

$$f\big(x - f(y)\big) = f(f(y)) + xf(y) + f(x) - 1, \qquad para\ todo\ x, y \in \mathbb{R}.$$

h) Encuentra las soluciones continuas $f: \mathbb{R}^* \longrightarrow \mathbb{R}$ de la ecuación funcional

$$f(xy) = yf(x) + xf(y), \qquad \forall x, y \in \mathbb{R}^*.$$

i) Hallar todas las funciones $f: \mathbb{R} \longrightarrow \mathbb{R}$ tales que

$$f(x)y + f(y)x = (x + y)f(x)f(y), \qquad \forall x, y \in \mathbb{R}.$$

j) Hallar todas las funciones $f: \mathbb{Q} \longrightarrow \mathbb{Q}$ tal que

$$f(x + y) = x^2y + xy^2 - 2xy + f(x) + f(y), \qquad para\ x, y \in \mathbb{Q}.$$

k) Hallar todas las funciones $f: \mathbb{R} \setminus \{0; 1\} \longrightarrow \mathbb{R}$ tales que

$$f(x) + f\left(\frac{1}{1 - x}\right) = \frac{2(1 - 2x)}{x(1 - x)}$$

para todo x del dominio de f.

l) 📚 (IMO, 2002) Hallar todas las funciones $f\colon \mathbb{R} \to \mathbb{R}$ tales que,

$$\bigl(f(x) + f(z)\bigr)\bigl(f(y) + f(t)\bigr) = f(xy - zt) + f(xt + yz),$$

para cualesquiera reales t, x, y, z.

m) Sean $g, h\colon \mathbb{R} \to \mathbb{R}$ con $g(x) > 1$ para todo $x \in \mathbb{R}$. Encuentre todas las funciones $f\colon \mathbb{R} - \{2\} \to \mathbb{R}$ (en términos de g y h) que satisfacen

$$f(x) + g(x)f\left(\frac{2x - 3}{x - 2}\right) = h(x).$$

Respuestas a tareas generales

Número de tarea	Solución o propuesta de solución
1	Respuesta aproximada: La suma de la raíces de una ecuación de segundo grado es igual a menos el cociente del coeficiente del segundo término dividido por el del primero.
2	$$x_1 \times x_2 = \frac{-b+\sqrt{\Delta}}{2a} \times \frac{-b-\sqrt{\Delta}}{2a} = \frac{b^2-\Delta}{4a^2} = \frac{b^2-b^2+4ac}{4a^2} = \frac{c}{a}$$
3	Respuesta aproximada: El producto de la raíces de una ecuación de segundo grado es igual al cociente del término independiente dividido el coeficiente del término de mayor grado.
4	Por no ser las soluciones números fraccionarios el coeficiente del primer es $a=1$, por tanto $b = \sqrt{3} - \sqrt{3} = 0$ y $c = (\sqrt{3}) \times (-\sqrt{3}) = -3$ La ecuación es $x^3 - 3 = 0$
5	Multiplique $(x - \frac{3(-p-\sqrt{-2p+p^2})}{2p})(x - \frac{3(-p+\sqrt{-2p+p^2})}{2p}$ y obtendrá $$\frac{9}{2p} + 3x + x^2 = 0$$
6	Si $x_1 = x_2$ entonces la suma de las dos raíces $x_1 + x_2 = 2x_1$ y por la propiedad estudiada se tiene que $2x_1 = -\frac{k}{4} \Leftrightarrow k = -8x_1$ Por el mismo criterio si $x_1 = -x_2$ entonces $k = 0$
7	$k = 3 - 2x_1$
8	$$-5k = -\frac{x_1+x_1}{2} \wedge 2k^2 = x_1 x_2 \Leftrightarrow -5k = k^2 \Leftrightarrow k(k-5) = 0$$ $$k = 0 \vee k = 5$$
9	Al resolver la ecuación $2x^2 - 3x + 5 = 0$ se obtienen las siguientes soluciones $\{\{x = \frac{1}{8}(3 - i\sqrt{71})\}, \{x = \frac{1}{8}(3 + i\sqrt{71})\}\}$. Sumando estos valores el resultado es $\frac{3}{4}$ y multiplicándolos da $\frac{5}{4}$ $$\left(x - \frac{5}{4}\right)\left(x - \frac{3}{4}\right) = +x^2 - 2x + \frac{15}{16}$$
10	Para que $3x^2 - 6x + k = 0$ tengas soluciones reales debe suceder que $36 - 12k \geq 0 \Leftrightarrow -12k \geq -36 \Leftrightarrow k \leq 3$ (Al dividir por un número negativo se cambia el sentido a la desigualdad.
11	Las respuestas deben tener características como la siguiente: La solución dada a $x < 2 \vee x > 3$ es $x < 2 \vee x > 3$. Expresada en notación de conjunto es: $S =]-\infty, 2[\cup]3, +\infty[$
12	De suponer que existe $x + yi$ tal que $(x + yi)^2 = a + bi$ se llega al siguiente sistema de ecuaciones $$\begin{cases} x^2 - y^2 = a \\ x^2 + y^2 = \sqrt{a^2+b^2} \end{cases}$$ cuya solución es $$\{\{x = -\frac{\sqrt{a+\sqrt{a^2+b^2}}}{\sqrt{2}}, y = -\frac{\sqrt{-a+\sqrt{a^2+b^2}}}{\sqrt{2}}\},$$

$$\left\{x = -\frac{\sqrt{a + \sqrt{a^2 + b^2}}}{\sqrt{2}}, y = \frac{\sqrt{-a + \sqrt{a^2 + b^2}}}{\sqrt{2}}\right\},$$

$$\left\{x = \frac{\sqrt{a + \sqrt{a^2 + b^2}}}{\sqrt{2}}, y = -\frac{\sqrt{-a + \sqrt{a^2 + b^2}}}{\sqrt{2}}\right\},$$

$$\left\{x = \frac{\sqrt{a + \sqrt{a^2 + b^2}}}{\sqrt{2}}, y = \frac{\sqrt{-a + \sqrt{a^2 + b^2}}}{\sqrt{2}}\right\}\right\}$$

El resto de la respuesta se puede inferir de este resultado

13	De no cumplirse la condición $a \neq 0$ y $e \neq 0$, una de las soluciones de la ecuación sería cero (0) y como es simétrica, la otra sería $\frac{1}{0}$ lo cual no es posible.
14	Análogo a la ecuación de segundo grado debe cumplirse que $$8a^2 + b^2 - 4ac \geq 0$$
15	$\{x = 0.1178992808030408 - 0.2734248933600606i\},$ $\{x = 0.1178992808030408 + 0.2734248933600606i\},$ $\{x = -0.5337518726463273\},$ $\{x = 21.131286644373578\}$
16	Cumple las condiciones de las ecuaciones simétricas. $$\{\{a = -\tfrac{1}{\sqrt{2}}\}, \{a = \tfrac{1}{\sqrt{2}}\}, \{a = -\sqrt{2}\}, \{a = \sqrt{2}\}\}$$
17	$$\{\{y = -\tfrac{i}{2}\}, \{y = -i\}, \{y = i\}, \{y = 2i\}\}$$
18	$$\{\{y = -i\}, \{y = i\}, \{y = \tfrac{1}{4}\}, \{y = 4\}\}$$
19	$$\{\{z = -\tfrac{1}{3a}\}, \{z = \tfrac{1}{a}\}, \{z = -3a\}, \{z = a\}\}$$
20	Respuestas diversas
21	Respuestas diversas
22	Respuestas diversas
23	Respuestas trivial
24	$$2q + y^3 = \frac{p^3}{y^3} \Longleftrightarrow y^6 + 2qy^3 - p^3 = 0$$
25	Respuestas reflexiva
26	$$(x - 1)\left(x - \tfrac{1}{3}\right)(-1 + 2x)(-2 + 3x) = 0$$ Escriba el lector las soluciones
27	a) $\left\{\{x = -\tfrac{2}{3}\}, \{x = -\tfrac{1}{3}\}, \{x = \tfrac{1}{3}\}, \{x = \tfrac{3}{4}\}\right\}$ b) $\left\{\{x = -1\}, \{x = \tfrac{1}{3}\}, \{x = \tfrac{1}{2}\}, \{x = \tfrac{3}{4}\}, \{x \to 2\}\right\}$ c) $\left\{\{x = -1\}, \{x = \tfrac{1}{3}\}, \{x = \tfrac{1}{2}\}, \{x = \tfrac{3}{4}\}, \{x = 1\}, \{x = 2\}\right\}$ d) $\{\{x = \left(-\tfrac{6}{5}\right)^{1/3} a\}, \{x = -\left(\tfrac{6}{5}\right)^{1/3} a\}, \{x = -(-1)^{2/3}\left(\tfrac{6}{5}\right)^{1/3} a\}\}$
28	Respuestas reflexiva
29	$$\{\{x = -6\}, \{x = -2\}\}$$

30	$\{\{x = 2\}, \{x = -1 - i\sqrt{2}\}, \{x = -1 + i\sqrt{2}\}\}$
31	$\{\{x = 3\}\}$
32	$\{\{c = -a + b\}\}\{\{a = -b\}, \{a = b - c\}\}\{\{b = -a\}, \{b = a + c\}\}$
33	$\{\{R = \dfrac{R_1 R_2}{R_1 + R_2}\}\}\{\{R_2 = -\dfrac{RR_1}{R - R_1}\}\}$
34	Respuestas reflexiva
35	a) Dom: $x \in \mathbb{R} : x \neq \pm\dfrac{3}{2}$ b) $-\dfrac{3}{2} < x < \dfrac{3}{2}$
36	a) Ceros: $x_1 = 2$; $x_2 = -2$. b) No existe valor de x real que cumpla la condición dada.
37	$x < -2$ ó $\dfrac{1}{2}(5 - \sqrt{65}) \leq x \leq \dfrac{1}{2}(5 + \sqrt{65})$ $]-\infty, -2[\cup [\dfrac{1}{2}(5 - \sqrt{65}), \dfrac{1}{2}(5 + \sqrt{65})]$ Se adjunta gráfico para ilustrar la solución dada 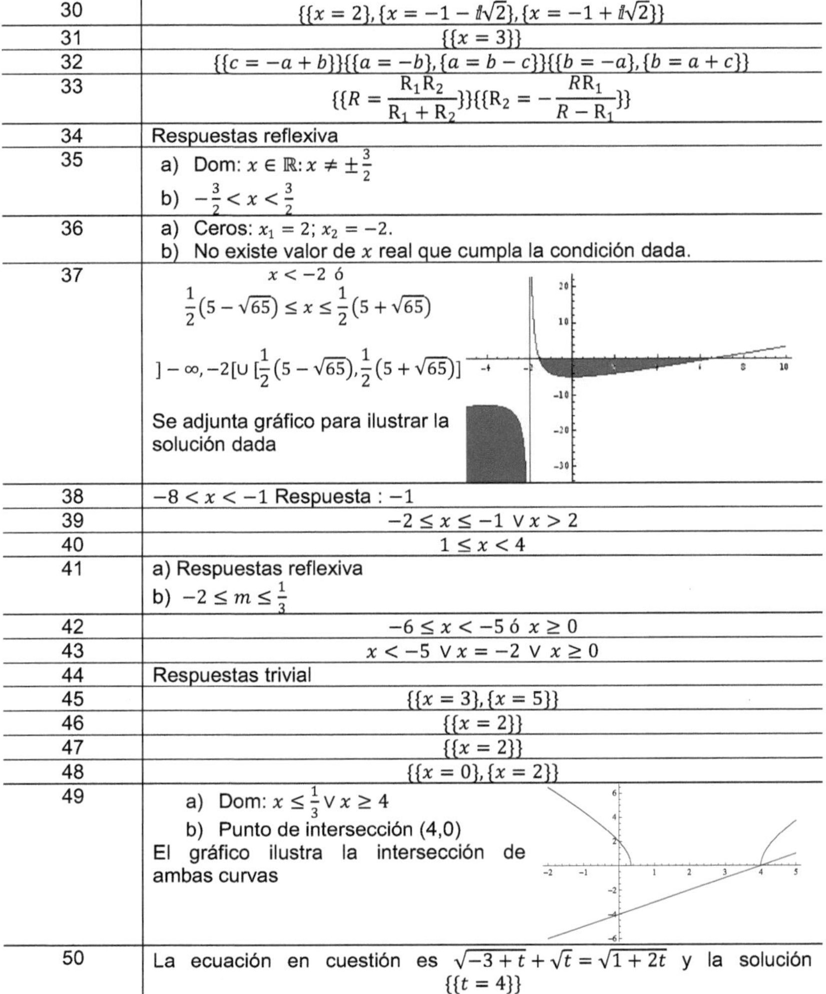
38	$-8 < x < -1$ Respuesta : -1
39	$-2 \leq x \leq -1 \vee x > 2$
40	$1 \leq x < 4$
41	a) Respuestas reflexiva b) $-2 \leq m \leq \dfrac{1}{3}$
42	$-6 \leq x < -5$ ó $x \geq 0$
43	$x < -5 \vee x = -2 \vee x \geq 0$
44	Respuestas trivial
45	$\{\{x = 3\}, \{x = 5\}\}$
46	$\{\{x = 2\}\}$
47	$\{\{x = 2\}\}$
48	$\{\{x = 0\}, \{x = 2\}\}$
49	a) Dom: $x \leq \dfrac{1}{3} \vee x \geq 4$ b) Punto de intersección (4,0) El gráfico ilustra la intersección de ambas curvas
50	La ecuación en cuestión es $\sqrt{-3 + t} + \sqrt{t} = \sqrt{1 + 2t}$ y la solución $\{\{t = 4\}\}$

51	La ecuación a resolver es $$\frac{1}{2}x + 5 = \sqrt{2(\frac{1}{2}x + 5) - 1}$$ La solución es $\{\{x = -8\}\}$ Se adjunta gráfico de ambas curvas.
52	$\{\{x = 4 - 12i\}, \{x = 4 + 12i\}\}$
53	$\{\{x = 3\}\}$
54	a) Dom(f)=$\{x \in \mathbb{R}: x \neq -2\}$ b) $f(x) = g(x)$ en $x = 1$
55	a) $x \leq \frac{3}{2}$ b) Soluciones de la ecuación $\left\{\{x = 1\}, \{x = 1 - i\sqrt{2}\}, \{x = 1 + i\sqrt{2}\}\right\}$ Respuesta del ejercicio: $x = 1$
56	a) $\{\{x = -7\}, \{x = 2\}\}$ b) $\{x = 27\}\}$ c) $\{\{x = 0\}, \{x = 5\}, \{x = \frac{1}{2}(5 - i\sqrt{15})\}, \{x = \frac{1}{2}(5 + i\sqrt{15})\}\}$
57	La respuesta del ejercicio fue dada al plantear el ejercicio.
58	$\{\{x = -5\}, \{x = 4\}\}$
59	$\{\{x = -1\}, \{x = 6\}\}$
60	a) $\{\{x = -2\}, \{x = -2\}, \{x = -1\}, \{x = -1\}\}$ b) $\{\{x = -2\}, \{x = 1\}, \{x = 1 - \sqrt{5}\}, \{x = 1 + \sqrt{5}\}\}$ c) $\{\{x = 1\}, \{x = \frac{21}{5}\}\}$ d) $\{\{x = -9\}, \{x = 2\}\}$
61	a) $x = -2$ ó $x \geq 4$ b) $x \geq 1$ c) $x \leq 1$ d) $2 \leq x \leq 3$ e) $x \leq -2$ ó $-1 \leq x < \frac{1}{6}(-1 + \sqrt{13})$ f) $-1 \leq x \leq 1$ g) $-1 \leq x < \frac{1}{8}(8 - \sqrt{31})$ h) $\frac{1}{2}(14 + \sqrt{7}) \leq x \leq 9$ i) $0 \leq x \leq 81$ ó $x \geq 1296$ j) $\frac{1}{2}(-3 - \sqrt{5}) < x \leq 1$
62	a) $S = \{-2, 2, 4\}$ b) $x = -2$; $x = \frac{5}{2}$ c) $\{\frac{1}{2}(1 - \sqrt{5}); \frac{1}{2}(1 + \sqrt{5}); \frac{1}{2}(3 - \sqrt{29}); \frac{1}{2}(-1 + \sqrt{29})\}$ d) $x = \sqrt{3}$; $x = \sqrt{10} + 1$ e) $x = -3$; $x = -\sqrt{3}$; $x = \sqrt{3}$; $x = 3$ f) $x = 0$, $x = \pm\sqrt{3}$ g) $x = 0$

	h) $x = -2$
	i) $x = \frac{1}{3}$; $x = \frac{2}{3}$; $x = 2$; $x = 5$
	j) $x = -1$; $x = 0$
63	$x < -2 \; ó \; x > 5$
64	a) $0 \leq x \leq 2$ b) $x \leq -\frac{5}{2} \; || \; x \geq \frac{1}{4}(1 + \sqrt{33})$ c) $-2 \leq x \leq 3$ d) $x \leq 1 \; ó \; x \geq \frac{11}{5}$ Se adjunta gráfico del inciso d) porque es significativo.
65	a) $x = \dfrac{\text{Log}\,[2] - \text{Log}\,[3]}{\text{Log}\,[2]}$ b) $x = \dfrac{-3\text{Log}\,[2] + \text{Log}\,[-1 + \sqrt{20481}]}{\text{Log}\,[2]}$ c) $x = -2$, $x = 2$ d) $x = 2{,}16827$ e) $x = 1$ f) $x = \frac{1}{2}$ g) $x = 2$ h) $x = 2{,}06587$ i) $x = 9$ j) $x = 1$, $x = 2$
66	a) $x \leq -3 \; ó \; x \geq 3$ b) $x \leq -2 \; ó \; x \geq 3$ c) $0 < x \leq 0{,}5 \; ó \; x = 1$ d) $x < \frac{\text{Log}\,[3]}{\text{Log}\,[2]} = log_2 3$ e) $x < \dfrac{\text{Log}\,[3] - \sqrt{\text{Log}\,[3]^2 + 15\text{Log}\,[5]^2}}{\text{Log}\,[5]} \; ó \; x > \dfrac{\text{Log}\,[3] + \sqrt{\text{Log}\,[3]^2 + 15\text{Log}\,[5]^2}}{\text{Log}\,[5]}$ $x < -3.25007 \; ó \; x > 4{,}61528$ f) $x < -2 \; ó \; x \geq 1$
67	a) $x = 36000$ b) $x = 50$ c) $x = 2$ d) $x = 7$ e) $x = -\frac{7}{6}$, $x = 2$ f) $x = \frac{12}{5}$ g) $x = 2$, $x = 3$ h) $x = 16$ i) $x = -1$, $x = 1$ j) $x = 3$

	k) $x = -\frac{1}{2}\sqrt{44 - 5\sqrt{2}}$, $x = \frac{1}{2}\sqrt{44 - 5\sqrt{2}}$
68	a) $0 \leq x < 2$ ó $x > 7$
	b) $\frac{1}{16} \leq x < 16$
	c) $1 < x < 2$
	d) $x < -1$ ó $0 < x < 2$
	e) $-1 < x < 4$
	f) $x < -2$ ó $-1 < x < -\sqrt{\frac{3}{7}}$ ó $\sqrt{\frac{3}{7}} < x < 1$ ó $x > 2$
	g) $0 < x < e^{\frac{\text{Log}[2]\text{Log}[3]}{\text{Log}[2]-\text{Log}[3]}}$
	h) $x < \frac{1}{2}(5 - \sqrt{13})$ ó $x > \frac{1}{2}(5 + \sqrt{13})$
	i) $x > 2$
	j) $0 < x < 1$
69	a) $x = 1$
	b) $x = 0$
	c) $x = 8$
	d) $x = \frac{5}{3}$
	e) $x = \frac{1}{7}$
	f) $-1 < x < 8$
	g) $-2 \leq x \leq -1$ ó $x > 2$
	h) $x = 1$
	i) $x = -16$
	j) $x \leq 2$ ó $x \geq 7$
	k) $x = \frac{1}{4}(3 - \sqrt{521})$
	l) $1 \leq x < 4$

m)

    i. $Dom(f) = \{t \in \mathbb{R}: t \geq 2\}$

    ii.   Solución: $t = 6$

n)

    i. $\dfrac{2^{log\,2}50}{log_2 160/5} = \dfrac{50}{log_2 32} = 10;\quad 5\sqrt{2}^2 = 10;$

    ii. Solución $\left\{\left\{t = \frac{1}{8}(-1 - i\sqrt{15})\right\}, \left\{t = \frac{1}{8}(-1 + i\sqrt{15})\right\}\right\}$

o)

    i. $log_2(32\sqrt{2} + 3 - 3) = log_2\left(2^5 \times 2^{\frac{1}{2}}\right) = 5\frac{1}{2};$

    ii. Solución: $3 < x < 4$

p) $a \leq -\frac{1}{2}$ ó $a > 0$

q) $\dfrac{x^2 + 3x - 15}{x + 5} + 3 \geq 0$;

    i. Dominio $-6 \leq x < -5$ ó $x \geq 0$

ii. Solución de la ecuación: $x = 5$

r)

i. Dominio, condiciones: $x^2 - 16 \geq 0 \wedge -x + 7 \neq 0 \wedge \frac{1}{5}x + 1 > 0$ lo que se corresponde con los valores
$-5 < x \leq -4 \text{ ó } 4 \leq x < 7 \text{ ó } x > 7$.
ii. No es posible calcular $f(1)$ porque 1 no pertenece al dominio de la función
iii. $f(a) = 3{,}5$

s)

i. Solución de la ecuación $x = -4, \; x = -\frac{1}{2}$
ii. Solución de la inecuación $x < -5 \text{ ó } x = -2$

70	a) $\{\{x = 5, y = 6\}\}$ b) $\{\{x = 10, y = 4\}\}$ c) $\{\{x = 2, y = 1\}\}$ d) $\{\{x = 3, y = 2\}\}$ e) $\{\{x = 0, y = a - b\}\}$ f) $\{\{x = \frac{dqr}{cpq + bpr + aqr}, y = \frac{dpr}{cpq + bpr + aqr}, z = \frac{dpq}{cpq + bpr + aqr}\}\}$ g) $\{\{x = -2, y = 8, z = 5\}\}$ h) $\{\{x = 3, y = 4\}\}$
71	a) $\{\{x = 1, y = -1, z = -1\}\}$ b) $\{\{a = 0, b = -3, c = -5\}\}$ c) $\{\{x = 0, y = -1, z = -3, v = 2\}\}$ d) $\{\{a = -3, b = 2, c = -1, d = 0, e = -4\}\}$ e) El sistema a plantear es: $\begin{cases} -1/2\,a - 7/12\,b + c = 0 \\ 2/3\,a - 7/18\,b + c = 0 \\ -1/5\,a - 8/15 + c = 0 \end{cases}$ y la solución del sistema es: $\{\{a = -\frac{1}{6}, b = 1, c = \frac{1}{2}\}\}$
72	a) $\{\{y = -3, x = 2\}, \{y = -3, x = 2\}\}$ b) $\{\{x = -2, y = -3\}, \{x = -2, y = 3\}, \{x = 2, y = -3\}, \{x = 2, y = 3\}\}$ c) $\left\{\{x = 4, y = -2\}, \left\{x = \frac{28}{3}, y = \frac{26}{3}\right\}\right\}$ d) $\left\{\{x = 1, y = 2\}, \left\{x = \frac{22}{13}, y = -\frac{1}{13}\right\}\right\}$ e) $\{\{x = -5, y = -1\}, \{x = -1, y = -5\}, \{x = 1, y = 5\}, \{x = 5, y = 1\}\}$ f) $\{\{x = -2, y \rightarrow = 4\}, \{x = 4, y = 2\}\}$ g) $\{\{x = -6, y = -4\}, \{x = -6, y = 4\}, \{x = 6, y = -4\}, \{x = 6, y = 4\}\}$ h) $\left\{\begin{array}{c}\{y = -1, x = -7\}, \{y = 1, x = 7\}, \{y = -3\sqrt{2}, x = -4\sqrt{2}\}, \\ \{y = 3\sqrt{2}, x = 4\sqrt{2}\}\end{array}\right\}$ i) $\left\{\begin{array}{c}\{x = -9, y = -2\}, \{x = -2i, y = 9i\}, \{x = 2i, y = -9i\}, \\ \{x = 9, y = 2\}\end{array}\right\}$ j) $\{\{x = -\frac{5}{2}, y = \frac{3}{2}\}, \{x = 1, y = -2\}\}$

	k) $\{\{x = a\left(\frac{2+\sqrt{2}}{2}\right), y = a\left(\frac{2-\sqrt{2}}{2}\right)\}, \{x = a\left(\frac{2-\sqrt{2}}{2}\right), y = a\left(\frac{2+\sqrt{2}}{2}\right)\}\}$
73	a) $\{\{x = \frac{5}{2}, y = \frac{5}{2}\}\}$ b) $\{x = 1, y = 1\}$ c) $\{\ \}$ no tiene solución el sistema d) $\{\{y = 4, x = 3\},$ $\{y = 7 - \dfrac{\text{Log}[3]}{\text{Log}\left[-(-3)^{\frac{1}{3}}\right]}, x = \dfrac{\text{Log}[3]}{\text{Log}\left[-(-3)^{\frac{1}{3}}\right]}\},$ $\{y = 7 - \dfrac{\text{Log}[3]}{\text{Log}[(-1)^{2/3}3^{1/3}]}, x \to \dfrac{\text{Log}[3]}{\text{Log}[(-1)^{2/3}3^{1/3}]}\}\}$ e) $\{x = 2, y = 1\}$
74	a) $\{\{x = 20, y = 2\}\}$ b) $\left\{\left\{x = \frac{1}{100}, y = \frac{1}{1000}\right\}\right\}$ c) $\left\{\left\{y = \frac{5}{3}, x = 6\right\}\right\}$ d) $\left\{\left\{x = (-10)^{\frac{4}{5}}, y = (-10)^{\frac{2}{5}}\right\}, \left\{x = 10^{\frac{4}{5}}, y = 10^{\frac{2}{5}}\right\},\right.$ $\left\{x = -(-1)^{\frac{1}{5}}10^{\frac{4}{5}}, y = -(-1)^{\frac{3}{5}}10^{\frac{2}{5}}\right\}, \left\{x = (-1)^{\frac{2}{5}}10^{\frac{4}{5}}, y = -(-1)^{\frac{1}{5}}10^{\frac{2}{5}}\right\},$ $\left.\left\{x = -(-1)^{\frac{3}{5}}10^{\frac{4}{5}}, y = (-1)^{\frac{4}{5}}10^{\frac{2}{5}}\right\}\right\}$ e) $\{\{x = -\frac{10}{3}, y = -\frac{1}{3}\}, \{x = \frac{10}{3}, y = \frac{1}{3}\}\}$ f) $\{\{x = e^3, y = e\}\}$ g) $\{\{y = -7, x = 3\}\}$ h) $\{\{x = 49, y = 5\}\}$ i) $\{\{y = -2, x = 1\}\}$ j) $\{\{x = \frac{10\sqrt{\frac{110}{27}}}{3}, y = -\frac{\sqrt{\frac{11}{27}}}{3}\}, \{x = \frac{10\sqrt{\frac{110}{27}}}{3}, y = \frac{\sqrt{\frac{11}{27}}}{3}\}\}$
75	a) $f(2024) = 18216$ b) $f(2024) = 2122$ c) $f(n) = n, \qquad \forall n \in \mathbb{N}$ d) $f(2030) = 1$ e) $f(x) = cx, \qquad \forall c \in \mathbb{R}$ f) $f(x) = x$ g) $f(x) = 1 - \frac{x^2}{2}$ h) $f(x) = c(\ln|x|), \ c \in \mathbb{R}.$ i) $f(x) = 0$ y $f(x) = 1, \ \forall x \in \mathbb{R}$ j) $f(x) = \frac{x^3}{3} - x^2 + cx, \quad c \in \mathbb{Q}$ k) $f(x) = \frac{x+1}{x-1}, x \neq 1$ l) $f(x) = 0, f(x) = \frac{1}{2}$ y $f(x) = x^2$ m) $f(x) = \dfrac{g(x)h\left(\frac{2x-3}{x-2}\right)-h(x)}{g(x)g\left(\frac{2x-3}{x-2}\right)-1}$

Bibliografía

Alonso, I. (2001). La resolución de problemas matemáticos. Una alternativa didáctica centrada en la representación. [Tesis de doctorado no publicada, Universidad de Oriente, Cuba].

Álvarez Saiz, E. (2015). Ejercicios resueltos: Funciones de varias variables. España: Universidad de Cantabria.

Álvarez, C. (1995). Fundamentos teóricos de la dirección del proceso docente educativo en la Educación Superior Cubana. Ministerio de Educación Superior. Cuba.

Andresscru, T., Boreico, I. (2007). Functional Equations. Electronic Edition.

Arya, Lander, Ibarra (2009). Matemáticas aplicadas a la administración y a la Economía. Quinta edición. Pearson Educación. México

Babini, J. (1979). Historia de las ideas modernas en matemática. Aires Buenos Aires, Argentina: Universidad de Buenos.

Bell, E. T. "Los Grandes Matemáticos" archivo con dirección URL:

Bransford, J. D. And Stein, B. S. (1986). The ideal problem solver. A guide for improving thinking, learning and creativity. New York: W. H. Freeman and Company.

Bucham, V. K. (2021). Técnicas de Resolução e Embasamento Teorico de Equações Funcionais. [Dissertação de Mestrado, Universidade Federal do ABC, Brasil]. https://sca.profmat-sbm.org.br/profmat_tcc.php?id1=6482&id2=171055226

Campistrous, L. y Rizo, C. (1998). Aprende a resolver problemas aritméticos. Editorial Pueblo y Educación. C. H. Cuba.

D. Conner, C. (2009). Historia popular de la ciencia. Mineros, comadronas y mecánicos. La Habana, Cuba: Científico Técnica.

Davidson, L. J., Reguera, R., Frontela, R., & Díaz, M. (2005). Problemas de Matemática Elemental. La Habana: Pueblo y Educación.

Demidovich B. (2000), Problemas y ejercicios de análisis matemático. Editorial Mir. Addison Wesley. México.

Díaz Gómez, J. L. (2010). Problemas Resueltos de Funciones. Sonora, México: Departamento de Matemáticas. Universidad de Sonora.

Efthimiou, C. (2010). Introduction to functional equations: theory and problem solving strategies for mathematical competitions and beyond. 2. ed. AMS.

Falconí Asanza, A., Hernández Crespo, F. M., & López Fernández, R. (2020). Matemática en Espiral. Cienfuegos, Cienfuegos, Cuba: Universo Sur.

Fridman de L. M. (2000) Metodología para enseñar a los estudiantes del nivel superior a resolver problemas de matemática". MIR. Moscú

Galindo E. & Gortaire D. (2006). Matemáticas Superiores, teoría y ejercicios". Prociencia editores, Quito.

García Garrido, L. (2012). Introducción a la Teoría de Conjuntos y a la Lógica. La Habana, Cuba: Dpto. de Ciencia de la Computación. Facultad de Matemática y Computación. Universidad de La Habana.

García Leal, D. y. (1990). Anillos y Polinomios. , Ciudad de la Habana,, Cuba: Editorial Pueblo y Educación.

H., L. C. (1966). Geometría Analítica. La Habana: Edición Revolucionaria.

Hohenwarter, M. y. (2019). GeoGebra Manual Oficial. Madrid, España: www.geogebra.org.

Jadallah, K. F. A. (2014). Contribución al estudio de ciertas ecuaciones funcionales clásicas. [Tesis de doctorado, Universidad Nacional de Educación a Distancia, España]. http://e-spacio.uned.es/fez/eserv/tesisuned:Ciencias-Kfabu/Documento.pdf

Jungk, W. (1982). . Conferencia sobre metodología de la enseñanza matemática. (Vol. Tomo II.). La Habana, Cuba: Editorial Pueblo y Educación.

Kalnin, R. A. (1988). Algebra Y Funciones Elementales. Moscú: MIR.

Kurosch, A. G. (1977). Curso de Álgebra Superior. Moscú: Editorial MIR.

Labarrere, A. (1994). Pensamiento. Análisis y autorregulación en la activi-dad cognoscitiva de los alumnos. Ángeles Editores. México.

Lara, J.; Arroba, J.; (2012). Análisis Matemático. Quinta edición, corregida y aumentada. Julio. Tercera reimpresión. Centro de Matemáticas. Universidad Central del Ecuador, Quito.

Lorenzo García, R. y Martínez Llantada, M. (2009). Polémicas en torno al desarrollo del talento. En D. Castellanos Simons (Comp.). Talento: concepciones y estrategias para su desarrollo en el contexto escolar (pp. 17-28). La Habana: Pueblo y Educación.

María Leal Acosta, M. &. (2015). Estructuras algébricas y polinomios. Pueblo y Educación. La Habana: Pueblo y Educación.

Martínez Batard, L. y Estrada Hernández, Y. (2006). Historia de las Matemáticas.[Manuscrito no publicado], Universidad Centra "Marta Abreu" de Las Villas, Facultad de Matemática Física y Computación.

Mason, F. (1985). Phenomenography. Describing conceptions of the worl arounds Instructional Science, 10, (pp. 117-200).

Mayer, F. (1983). Describing and improving learning. In R. R. Schemeck Ed. Styles and strategies of learning. New York: Plenum.

Micheline, Ch. y Glaser, R. (1986). Capacidad de resolución de problemas. En Las capacidades humanas. (pp. 293-323). Ed. Labor Universitaria. Barcelona. España.

Ocho Rojas, R. (2008). Funciones y temas afines (Vol. II). La Habana, Cuba: Pueblo y Educación.

Peré Marqués, G. (2011). Impacto de las TICs en el mundo educativo. Funciones y limitaciones de las TIC en educación. Informe de Investigación. Retrieved 23 de 10 de 2016 from http://dewey.uab.es/pmarques/siyedu.htm

Pérez, M. del P. (1993). La solución de problemas en Matemática. Dpto. Psicología Básica. UAM.

Polya, G. (1962). Mathematical Discovery. On understanding, learning, and teaching problem solving. New York, USA: Ed. John Wiley and Sons,.

Sahoo, P., K. y Kannappan, P. (2011). Introduction to Functional Equations. Taylor and Francis Group, LLC.

Said, J. H. N. (2015). Algebra para Olimpiadas. Asociación Venezolana de Competencias Matemáticas. https://acmfiles.s3.amazonaws.com/Libros/AlgebraParaOlimpiadas.pdf

Sánchez, L. (2015). Iniciação ao estudo das funções reais de variável real. Lisboa, Portugal: Universidade de Lisboa.

Schoenfeld, A. (1987). Mathematics, Technology and Higher OrderThinking. In Technology in Education Series. New Jersey., USA.: LEA Publishers.

Sessa, G. F. (2015). Introducción al trabajo con polinomios y funciones polinómicas. Buenos Aires, Argentina: UNIPE: Editorial Universitaria, 2015.

Spiegel, M. R. (2010). Algebra Superior (Tercera edición ed.). México D.F., México: Mcgraw-Hill.

Stewart, J. (2011). Cálculo con trascendentes tempranas. La Habana, Ciudad Habana, Cuba: Editorial Pueblo y Educación.

Swokowski E. & Cole J. (2007). Algebra y trigonometría con geometría analítica" Grupo Editorial Ibero América, México.

Thomas, G; (2010). Cálculo en una variable. Décima segunda edición, Pearson Addison Wesley. México.

Torres Lima, P. (1997). Influencias de la computación en la enseñanza de la matemática. Tesis Doctoral, UCP "Silverio Blanco" SS, Matemática-Computación, La Habana.

Universidad de Sevilla (2022). Talleres de resolución de problemas. http://institucional.us.es/olimpiada2006/talleres.html

Wiltrock, R. (1990). Comprensión y representación. Macmillan Publishing Company.

Wooton, W., & Beckenbach Edwin F & Fleming, F. J. (1985). Geometría Analítica Moderna. México, México DF, Estados Unidos Mexicanos: Cultural S.A.

Printed by Books on Demand GmbH, Norderstedt / Germany